连铸结晶器内初始凝固现象研究

张海辉　著

扫描二维码
查看本书彩图

北　京
冶　金　工　业　出　版　社
2024

内 容 提 要

本书共8章，介绍了连铸结晶器钢液初始凝固热模拟装置的开发及其在连铸领域的应用，详细阐述了快速测温技术，传热反问题，频谱分析技术及噪声过滤与信号提取技术，结晶器钢水凝固，保护渣渗入、结晶、润滑及控热等多相体系热动力学行为，以及结晶器内热动力学行为、结晶器内腔形貌、连铸工艺参数与铸坯质量、连铸效率的关系模型。

本书可供钢铁领域的高校师生、研究者和企业人员阅读参考。

图书在版编目（CIP）数据

连铸结晶器内初始凝固现象研究 / 张海辉著.
北京 : 冶金工业出版社，2024. 8. -- ISBN 978-7-5024-9965-5

Ⅰ. TF3

中国国家版本馆 CIP 数据核字第 2024B0G362 号

连铸结晶器内初始凝固现象研究

出版发行 冶金工业出版社　　**电　　话**（010）64027926
地　　址 北京市东城区嵩祝院北巷39号　　**邮　　编** 100009
网　　址 www. mip1953. com　　**电子信箱** service@ mip1953. com

责任编辑　王　双　美术编辑　彭子赫　版式设计　郑小利
责任校对　李欣雨　责任印制　禹　蕊
三河市双峰印刷装订有限公司印刷
2024年8月第1版，2024年8月第1次印刷
710mm×1000mm　1/16；10. 75印张；206千字；161页
定价 75. 00 元

投稿电话　(010) 64027932　投稿信箱　tougao@ cnmip. com. cn
营销中心电话　(010) 64044283
冶金工业出版社天猫旗舰店　yjgycbs. tmall. com
（本书如有印装质量问题，本社营销中心负责退换）

前　言

连铸坯表面缺陷（如深振痕、凹陷和裂纹）的起源是在结晶器弯月面处铸坯初始凝固阶段。在进入轧钢工序之前，有表面缺陷的铸坯需要进行表面清理。如果无法去除表面缺陷，那么这些缺陷将遗传到最终的轧钢产品上。只有准确了解铸坯初始凝固时表面缺陷产生的机理，才能提出消除或减轻表面缺陷的有效方法。然而，连铸结晶器内复杂、高温、多相和瞬时的物理化学变化，限制了对铸坯表面缺陷形成机理的研究。

本书介绍了连铸结晶器钢液初始凝固热模拟装置的开发及应用。该装置应用快速测温技术、传热反问题、频谱分析与噪声过滤技术、结晶器热流分解与分析技术，可在实验室条件下研究结晶器钢水凝固，保护渣渗入、结晶、润滑及控热等多相体系热动力学行为，并可制取与真实结晶器内相似的渣膜和初始凝固坯壳。本书详细阐述了结晶器振动频率、振幅和弯月面波动对钢水初始凝固时结晶器温度、热流密度、结晶器/铸坯间保护渣渗入及坯壳表面形貌的影响，并探讨了结晶器/铸坯间渣膜晶相分布，以及连铸过程结晶器温度、热流密度、铸坯表面形貌、坯壳厚度、结晶器液面波动和结晶器/铸坯间保护渣渗入的关系模型；介绍了基于连铸结晶器钢液初始凝固热模拟装置评估和优化保护渣润滑性能和优化连铸参数（拉坯速度、浇铸温度、结晶器振频和振幅）的方法。

本书汇集了作者在连铸结晶器冶金领域长时间的研究成果和实践经验，专业性强、知识涉及面宽，内容有助于读者更为深入理解连铸结晶器内的初始凝固行为，可作为钢铁冶金专业教学及科研用书，也可作为从事连铸生产、设计工程技术人员的参考用书。希望通过此书，能够为钢铁冶金行业连铸技术的进步贡献一份力量。

本书在编写过程中，得到我的导师王万林教授和师兄周乐君教授的关心和支持。本书的初稿得到江西理工大学赖朝彬、佟志芳、杨小刚、李声慈、熊辉辉、刘增勋、肖鹏程等多位老师的审阅，并提出了许多宝贵意见，在此一并表示感谢。本书的研究内容得到了国家自然科学基金项目（项目号：52074135 和 51704333）、江西省自然科学杰出青年基金项目（项目号：20224ACB214011）、江西省青年井冈学者奖励计划（项目号：QNJG2020049）、江西省重大科技成果熟化与工程化研究项目（项目号：20233AEI92011）等的大力支持，在此表示衷心的感谢。

此外，由于理论水平和实践经验有限，书中不足之处，诚请读者指正。

张海辉

2023 年 12 月于江西理工大学

目　录

1 绪 论

1.1 连铸坯表面质量

连铸坯缺陷有内部缺陷和表面缺陷。表面缺陷有深振痕、裂纹、皮下夹杂和皮下气泡等，其中裂纹是最常见的坯壳表面缺陷。一方面，随着市场需求的发展，铸坯表面质量需要进一步提高[1]。例如，振痕伴随的铸坯表面质量问题在连铸刚出现时没有引起很大的关注，但是在生产冷轧汽车面板用钢时需要高表面质量的铸坯，因此减小/消灭铸坯振痕已成为生产这类高附加值钢铁产品的关键。另一方面，随着连铸连轧和薄板坯连铸技术的发展，对连铸坯质量要求也越来越高[2-5]。有表面缺陷的铸坯在进入轧钢工序前需要表面修整，如果表面缺陷不能被去除，那么缺陷会遗传到轧钢产品上；当坯壳表面缺陷很严重时，铸坯只能降级使用甚至报废。因此需要提高铸坯表面质量，来简化连铸后续表面修整工序和提高金属收得率。

振痕本身并不会对铸坯表面质量有直接的危害，但是许多铸坯表面缺陷伴随着振痕而产生[6]。首先，振痕的波谷由于冷却速率低，波谷处坯壳内晶粒粗大；其次，振痕凹陷处受力时会诱导切口效应[7]；最后，振痕的波谷有元素偏析[8-10]；因此振痕波谷元素偏析区域常常是铸坯表面裂纹的起源地[11-12]。同时，振痕波谷捕捉了大量的气泡和非金属夹杂物[13-14]；这些气泡和夹杂物经轧制后最终在轧钢产品上形成表面缺陷[15]，如汽车面板用钢的皮下气泡缺陷（blisters）和条状缺陷（slivers）[16-19]。

铸坯表面缺陷发源于钢水初始凝固阶段[6,16,20-22]，连铸过程中钢水初始凝固发生在结晶器弯月面附近，因此在结晶器弯月面处控制钢水凝固可以从根源上消除/减轻铸坯表面缺陷。连铸实践中积累了大量的经验和技术来控制钢水初始凝固以减少或消灭连铸表面缺陷；由于这些经验和技术是在统计铸坯表面缺陷与连铸工艺参数关系和对铸坯表面缺陷形成机理达到一定的感官认识的基础上反推出来的，因此这些经验和技术只能在一些特定的工况条件下使用；铸坯表面缺陷没有从根本上被消灭，生产中仍然有许多问题没有解决，例如提高钢水浇铸温度和拉坯速度可以降低振痕的深度，但是过高的钢水浇铸温度、过快的拉坯速度会导致坯壳拉漏；降低结晶器负滑脱时间可以降低振痕的深度，但是结晶器没有负滑脱会导致保护渣渗入困难，甚至导致结晶器漏钢。只有准确掌握了铸坯表面缺陷生成机理，才能发展出相应的技术来减轻甚至消除表面缺陷。直接使用传感器（热电偶、位移传感器、压力传感器等）测量结晶器内初始凝固现象很难，因为连铸结晶器内发生着复杂、高温（约 1600 ℃）、多相（渣、钢液、气泡、夹杂物）、瞬态变化的物理变化和化学反应，例如凝固传热、钢水流动、保护渣渗入和渣钢反应，这制约了对连铸坯表面缺陷形成机理的研究。

1.2 结晶器振动

结晶器振动可以帮助铸坯与结晶器脱模，降低结晶器的漏钢次数[23]；还可以帮助结晶器/铸坯间保护渣的渗入与润滑，提高铸坯表面质量。结晶器振动方式有正弦振动和非正弦振动。正弦振动时，结晶器的位移 D_m 和振动速度 V_m 分别为：

$$D_m = A\cos(2\pi ft) \tag{1-1}$$

$$V_m = 2\pi fA\sin(2\pi ft) \tag{1-2}$$

结晶器振动频率 f 为 1~4 Hz，振幅 A 为 3~5 mm。通常基于防止漏钢和减少铸坯表面缺陷的原则，来优化结晶器振动参数。但是结晶器振动情况下，钢水连铸过程中结晶器漏钢仍然时常发生。1954 年，Savage 等人[24]引入了结晶器负滑脱概念：每个结晶器振动周期内都有一段时间，结晶器下降速度 V_m 大于拉坯速度 V_c；一个周期内负滑脱的持续时间称为负滑脱时间（negative strip time），其他的时间为正滑脱时间（positive strip time）。对于正弦振动，结晶器负滑脱时间 t_n 为：

$$t_n = \frac{1}{\pi f}\arccos\left(\frac{V_c}{2\pi fA}\right) \tag{1-3}$$

结晶器振动中引入 0.1~0.4 s 的负滑脱时间，既能帮助铸坯与结晶器脱模又能帮助保护渣/润滑油渗入，从而有效降低结晶器的漏钢次数[25]。结晶器负滑脱的引入，使工业上大规模钢水连铸得以实现。但是连铸中结晶器振动也带来了不好的一面，结晶器振动铸坯表面会产生一条条垂直于拉坯方向的、相互平行的、等距的横向凹陷（振痕）。振痕的形状与结晶器振动有紧密的关系。通常一个结晶器振动周期时间内铸坯表面产生一个振痕，因此振痕间距 P_{OM} 与结晶器振动和拉坯速度有关，其理论的振痕间距为：

$$P_{OM} = \frac{V_c}{f} \tag{1-4}$$

振痕的深度随着结晶器振幅的增大而增大，随拉坯速度或结晶器振动频率的增大而减小[9,26-28]。振痕深度与结晶器负滑脱时间的关系最为紧密，如图 1-1 所示，振痕深度随着负滑脱时间增大而增加[16]。从减小振痕深度角度出发，负滑脱时间越小越好；但是过小负滑脱时间难以保证足够多的保护渣/润滑油渗入结晶器/铸坯间；为确保结晶器/铸坯间充分润滑防止漏钢，Wolf[25]认为负滑脱时间应该大于0.25 s；Emi[29]从减小纵裂纹的角度出发认为负滑脱时间0.2~0.3 s最佳。

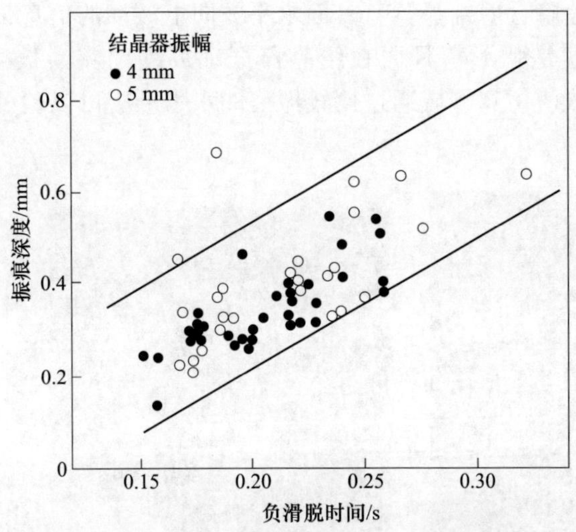

图1-1 结晶器负滑脱时间与振痕深度的关系[16]

式（1-4）仅适用于计算弯月面静止情况下的振痕间距。因为弯月面剧烈波动（波动幅度大于3 mm）的情况下，结晶器负滑脱的时间不一定严格对应着每个结晶器振动周期，因此两个振痕之间常常会看到其他的多余的振痕[30]；多余振痕的形成与结晶器的振动、钢水流动和保护渣流动等有关[28,31-32]，目前多余的振痕形成机理仍需进一步研究。考虑到弯月面在拉坯方向上的波动速度 V_{level}，Nakato 等人[27]认为结晶器负滑脱时结晶器的有效振动速度为（V_m-V_{level}），即有效振动速度是相对于弯月面运动的速度，因此结晶器负滑脱时速度间的关系需满足：

$$V_m - V_{level} \geqslant V_c \tag{1-5}$$

因此计算结晶器负滑脱时间和振痕间距时，要考虑结晶器的有效振动速度。现场调查发现，当结晶器液面上升时振痕间距在增大，液面下降时振痕间距在减小（见图1-2）[30]。Cramb 和 Mannion[33]对铸坯的振痕间距统计发现：弯月面波动剧烈时，振痕间距的直方图为矮胖型；反之弯月面较稳定时，振痕间距的直方图为尖瘦型。事实上，结晶器没有振动时，铸坯表面也会有“振痕”产生，因此结晶器振动只是铸坯表面振痕形成的一个必要条件：例如 Vynnycky[34]、Schwerdtfeger[35]、Flemings[36]等研究底部充型浇铸的铸坯表面形貌后发现，没有结晶器振动的情况下铸坯表面也会生成“振痕”，并且“振痕”的形成与金属液面波动、部分弯月面凝固、初始坯壳的热应力等有关系。弯月面波动对水平方向上的振痕形貌也有影响[30]，连铸结晶器内弯月面稳定时，坯壳表面会产生等间距、相互平行的浅振痕；若弯月面波动很大时，坯壳表面则出现没有规则的凝固痕迹、褶皱和表面夹渣，且振痕在水平方向为曲线波浪形（见图 1-3）。振痕在水平方向上的弯曲隐含着结晶器弯月面水平方向上波动的信息，因为振痕起始于弯月面凝固，振痕是弧形弯月面在结晶器振动周期内突然被凝固形成的[14,31]。基于这个原理，数值仿真领域通过比较振痕的水平形貌可以验证数值模拟的弯月面水平波动大小[37]。

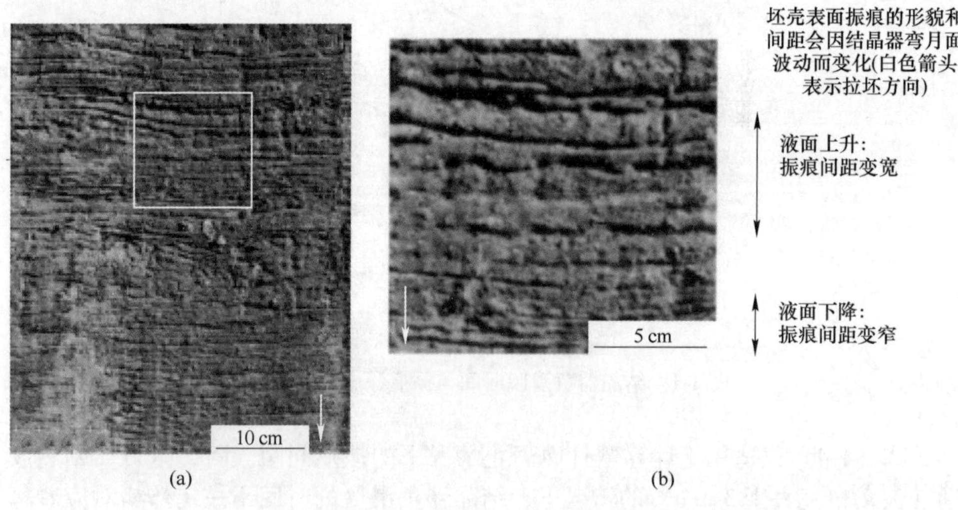

图 1-2 振痕间距与拉坯方向弯月面波动的关系[30]

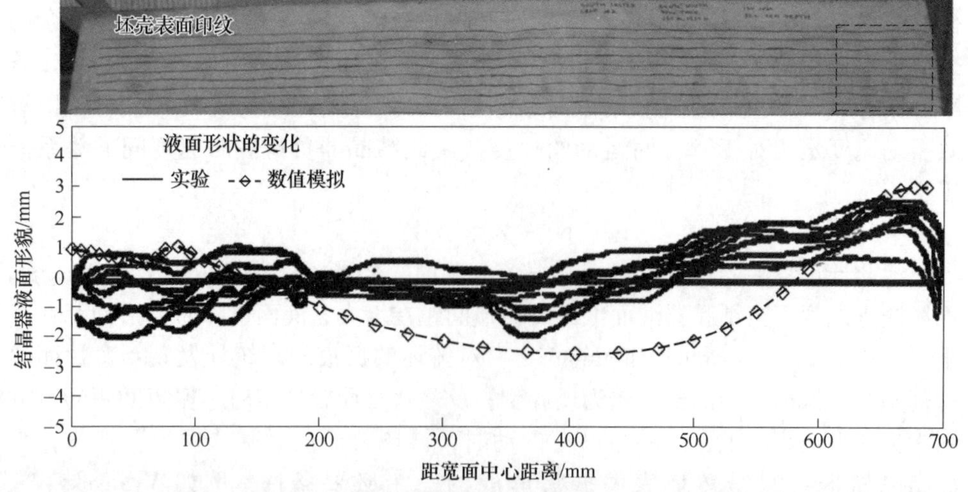

图 1-3 水平方向上振痕的弯曲反映了弯月面水平方向的波动[37]

Nadif[38]和 Suzuki[39-40]认为拉速、振频和振幅三个变量仍不足以优化连铸结晶器正/负滑脱时间使得保护渣渗入与润滑最好、振痕最浅；因此为结晶器引入了非正弦振动。非正弦振动可以促进保护渣渗入润滑、减小铸坯与结晶器之间的摩擦力，从而减小铸坯纵裂纹、提高了铸坯表面质量。另外 Itoyama[41]为连铸结晶器引入了水平和竖直方向复合振动，实践发现结晶器复合振动情况下可以明显降低振痕深度和振痕凝固钩的长度。

1.3 表面形貌

板坯宽面的振痕出了结晶器后会被二冷区的支持辊轧平，最后检查发现宽面的振痕没有窄面的明显，同时由于二维传热铸坯角部振痕最深[42]。Moinet[43]测量板坯窄面形貌发现所有的坯壳都有振痕和横向凹陷；有些坯壳的振痕非常有规则（见图 1-4（a）），有些坯壳的振痕很乱（见图 1-4（b））。低碳钢的振痕小于 0.2 mm，中碳钢的大于 1.0 mm。除了结晶器振动频率和振幅，振痕形状还与钢种成分、浇铸温度、拉坯速度、特别是和保护渣性能有关。例如超低碳钢（w_C<

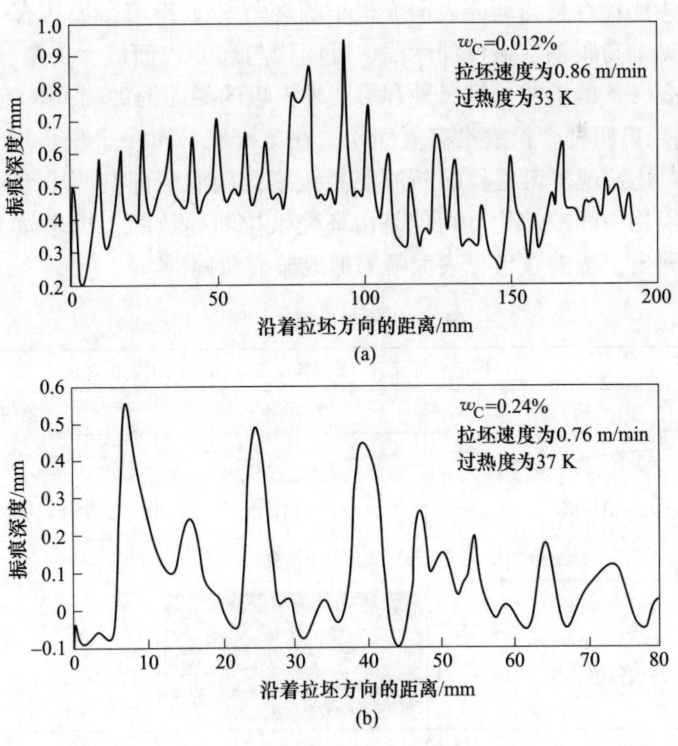

图 1-4 板坯窄面纵向表面形貌[43]

（a）低碳钢；（b）中碳钢

0.01)，由于液相线温度高，液/固相线的温度区间窄（超低碳钢的液/固温度区间约为 15 ℃，而高碳钢的温度约为 50 ℃），因此弯月面更容易发生凝固，最终其产生的振痕要比高碳钢的更深[44-45]；升高钢水过热度可以降低振痕的深度和凝固钩的尺寸[46]；使用低黏度、高界面张力的保护渣，也可以降低振痕深度[33,47-50]。

1.3.1　振痕类型

Emi[9]把振痕分为两大类：凝固钩（hook）型振痕和无凝固钩的凹陷（despression）型振痕。振痕的深度与钢中碳含量有关，碳含量为 0.1%的铸坯表面振痕最深[31]。振痕附近有元素（如 P、Mn 等）偏析，偏析区域位于凝固钩型振痕上方的溢流区域或者位于凹陷型振痕的底部；偏析元素来自凝固枝晶间溶质富集的液体；在结晶器负滑脱时，由于初始凝固的坯壳受力变形，凝固枝晶间富集溶质的液体被挤出，接着在振痕附近凝固形成偏析区域。Takeuchi 和 Brimacombe[6]根据偏析情况和有无凝固钩把振痕分成 4 种类型（见表 1-1）：第一种，振痕深、坯壳表面与凝固钩之间有一块偏析区。第二种，常见于低碳钢、振痕深、凝固钩比较直且与坯壳表面成很小的夹角[51]、沿着凝固钩有一条偏析线。第三种，常见于高碳钢、振痕深度浅、凝固钩与坯壳表面成大夹角（接近 90°）、沿着凝固钩有一条偏析线。第二种和第三种振痕的凝固钩尖端有时还会被流动的钢水冲断[52]。第四种，振痕没有凝固钩、在振痕底部有一个偏析层。Itoyama[41]和 Takeuchi[8]还发现了第五种熔断溢流型振痕，振痕底部有两段不连接凝固钩，这可能是凝固钩中间被熔化（可能是由坯壳被拉断导致的，机理尚不明确），钢水从断裂处漏出，接着在坯壳表面凝固形成振痕和偏析[53]。

表 1-1　振痕种类[6,8,41,53]

振痕种类	振痕底部元素（P、Mn、Si、Ni）的正偏析区域		
	第一种	第二种	第三种
有凝固钩	 大的偏析区	 弱的偏析线	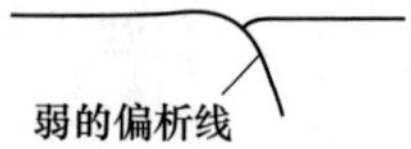 弱的偏析线
	第四种	第五种	
无凝固钩	 偏析层	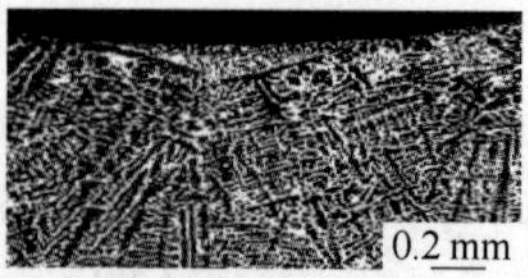 0.2 mm	

第一种振痕的偏析区域内的偏析元素是凝固钩的枝晶间富集溶质的液体被挤出（也可能是凝固前沿富集溶质液体溢流，机理尚不明确）进入坯壳与凝固钩

之间凝固后形成的[16]；第二种和第三种振痕的偏析线的形成是由于结晶器正滑脱时，在渣道负压，钢水冲击力和钢水静压力的作用下，凝固弯月面坯壳抵抗外力作用发生变形，枝晶间富集溶质的液体被挤出，然后在凝固钩附近凝固形成的；第四种振痕的偏析区域，Brimacombe[6]认为是结晶器正滑脱时在渣道负压和钢水静压力的作用下，凝固前沿的坯壳枝晶间富集溶质的液体从凝固前沿渗透到坯壳表面形成的。Takeuchi 等人[8]提出了奥氏体不锈钢振痕附近偏析形成的机理。如图 1-5 所示，振痕底部常发现 Ni、Mn、Si 和 P 等元素偏析。对于凝固钩型振痕，结晶器负滑脱时，部分弯月面凝固、钢液中溶质元素在凝固前沿富集；结晶器正滑脱时，凝固前沿的富集溶质的液体溢流进入凝固钩与铸坯表面之间，形成如表 1-1 中的第一种振痕。对于凹陷型振痕，结晶器负滑脱时，溶质元素在凝固前沿富集，当地钢液的液相线温度会降低，部分已凝固的弯月面发生重熔，接着沿着拉坯方向形成一段溶质含量比较高的薄坯壳；结晶器正滑脱时，远处较干净的钢液流到弯月面迅速凝固；新凝固的弯月面下方是溶质含量较高的薄坯

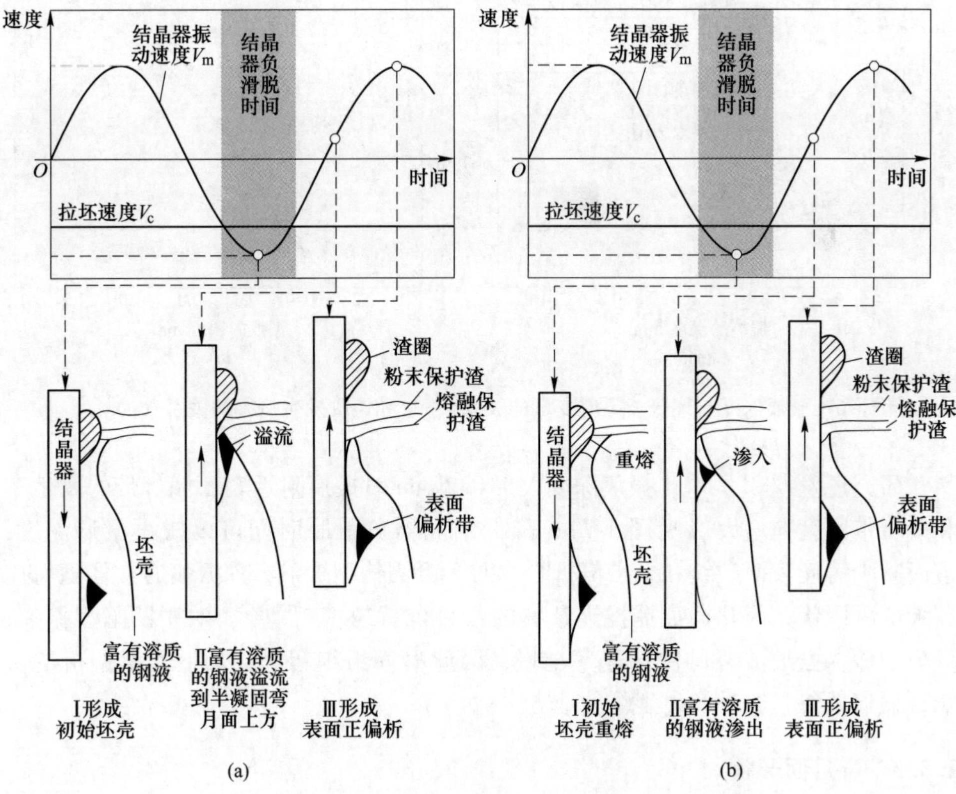

图 1-5 振痕底部元素正偏析形成机理[8]

（a）凝固钩型振痕；（b）凹陷型振痕

壳，凝固前沿的富集溶质的液体从该薄点（可能重熔）处渗透到坯壳表面，凝固后形成如表 1-1 中的第四种振痕。

1.3.2　深振痕的危害

振痕伴随表面质量问题的严重性，通常可以用振痕的深度来表征。深振痕波谷填充了保护渣产生了更多的热阻，振痕波谷传热慢，因此晶粒变粗大；加上振痕波谷有偏析，偏析元素的存在一方面导致当地铸坯的液相线温度降低，另一方面偏析元素会弱化铸坯力学性能加重了铸坯表面的裂纹发生倾向，如 S 弱化晶界，Mn 导致晶粒粗大，Si 降低铸坯的韧性。在连铸二冷区矫直力的作用下，晶粒粗大、元素偏析的深振痕是容易产生裂纹的地方[16,54]。Suzuki 等人[7]研究发现（见图 1-6（a））振痕深度从 0 增大 0.2 mm 后铸坯的抗应变强度降低了 25%。Yasunaka 等人[55]研究表明振痕深度大于 0.2 mm 时，振痕处产生横裂纹的比例在显著地上升（见图 1-6（b）），为防止裂纹产生振痕深度应小于 0.2 mm。

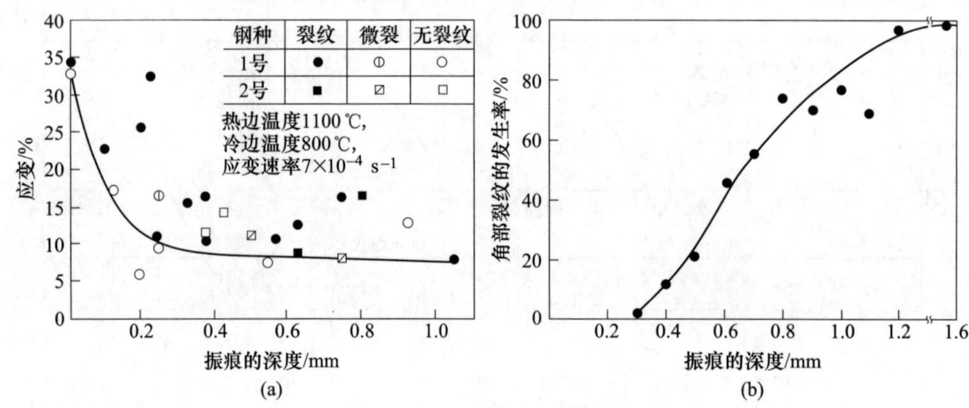

图 1-6　振痕深度与坯壳极限应变量的关系（a）和裂纹发生概率的关系（b）[7,55]

研究还发现[6,8,56-57]，振痕深度大于 0.2 mm 时振痕附近表面偏析带的发生率和偏析带厚度在增大（见图 1-7）；降低结晶器负滑脱时间可以减小振痕深度，进而减少铸坯表面裂纹和元素偏析[6]。对于凝固钩型振痕，深振痕通常伴随着比较大的凝固钩，因此振痕捕捉夹杂物的数目也就越多[46,58-59]。对于凹陷型振痕，振痕越深，振痕波谷的冷却速率越慢，因此凝固组织粗大，加上元素偏析的影响，振痕波谷是容易产生裂纹的地方[60]。

1.3.3　弯月面形状

液态弯月面处于稳定状态时，其表面张力和静压力达到平衡。Sato[61]求解表面张力与静压力平衡方程得到弯月面的曲率半径（见图 1-8）。但是计算的弯月

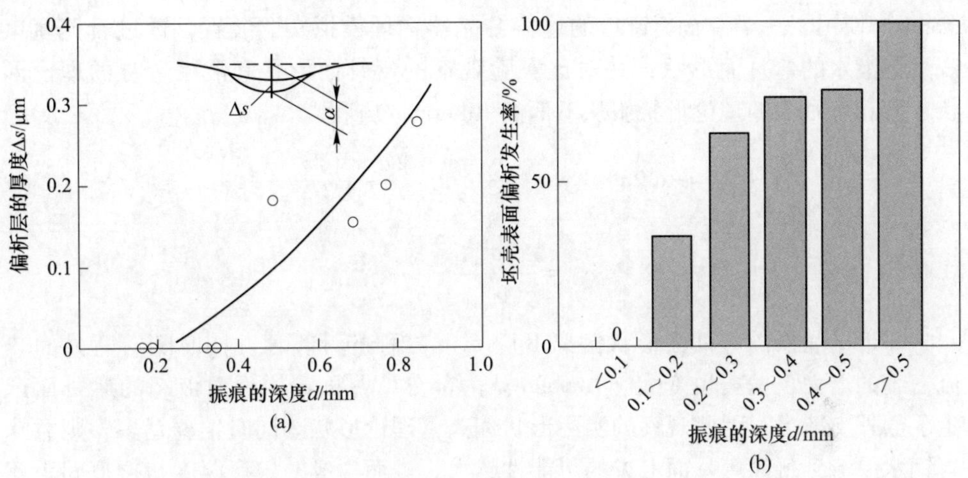

图 1-7 振痕深度与偏析层厚度和偏析发生率的关系[8,57]

面曲率半径和实际观察的钢水弯月面有偏差，Sato 解释这是部分弯月面凝固导致液态弯月面获得了一个额外的支持力，因此平衡方程计算值和实际值不符。

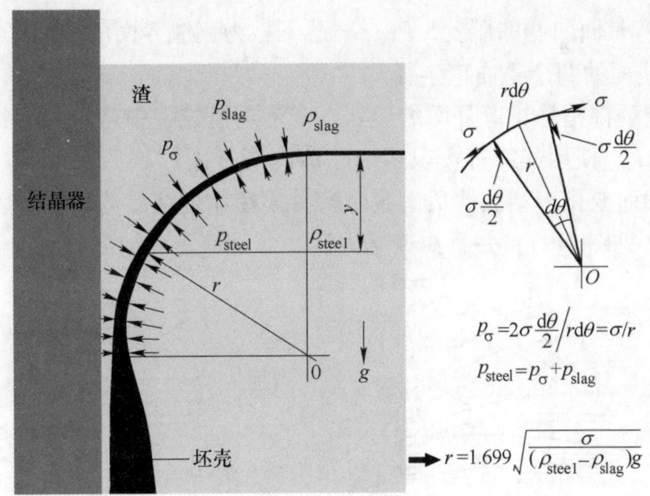

图 1-8 弯月面的形成和受力平衡方程[61]

p_{slag}—保护渣静压力，Pa；p_{steel}—钢液静压力，Pa；p_σ—弯曲界面产生的额外附加压力，Pa；
σ—钢渣界面张力，N/m；ρ_{slag}—渣的密度，kg/m^3；ρ_{steel}—钢的密度，kg/m^3；
r—弯月面的曲率半径，m；g—重力加速度，m/s^2

Tomono[62] 使用透明有机物质模拟连铸过程中弯月面形状，发现结晶器负滑脱时，靠近结晶器侧的弯月面受到压应力，弯月面会向液体方向变形。接着 Tomono[52] 使用了一个带石英窗口的连铸结晶器物理模拟实验装置，透过石英窗口观察钢液水的弯月面形状，并对比实验观察的弯月面形状和液相弯月面理论形状。液相弯月面的理论形状服从下面的 Bikerman 方程[63]：

$$x - x_0 = -(2a^2 - y^2)^{1/2} + \frac{a}{\sqrt{2}}\ln\frac{\sqrt{2}a + (2a^2 - y^2)^{1/2}}{y} \tag{1-6}$$

式中，$x_0 = a - \frac{a}{\sqrt{2}}\ln(1 + \sqrt{2})$，$a^2 = \frac{2\sigma_{\text{steel}(1)-\text{slag}}}{g(\rho_{\text{steel}} - \rho_{\text{slag}})}$。

靠近结晶器的弯月面形状偏离 Bikerman 方程的计算值，同时随着弯月面热流密度的增大，偏离也变大。Tomono 认为部分弯月面凝固后对液态的弯月面产生了额外支持力，因此观察的实际形状偏离了理论形状。同时偏离越多，则意味着钢水溢流到凝固弯月面上方的可能性越大，进而生成的振痕深度与振痕间距就越大。与 Sato 和 Tomoto 基于力平衡状态计算不同，Cramb 和 Jimbo[64] 直接使用 Young-Laplace 方程（见式（1-7））计算了弯月面形状。结果发现计算值和观察值非常接近，同时发现表面活性物质（S、O）对弯月面形状有非常大的影响：

$$\sigma_{\text{steel}(1)-\text{slag}}\left(\frac{1}{r_1} + \frac{1}{r_2}\right) = \Delta p \tag{1-7}$$

式中，Δp 为弯月面两侧的压差，Pa；$\sigma_{\text{steel}(1)-\text{slag}}$ 为钢渣界面的表面张力，N/m；r_1 和 r_2 分别为曲面的两个主曲率半径。

以上研究的都是静止弯月面的形状，实际连铸过程中弯月面形状是动态变化的。Matsushita[65] 使用光纤直接观察结晶器内弯月面形状后发现：弯月面形状随着结晶器振动而变化，结晶器负滑脱时弯月面在靠近结晶器；正滑脱时弯月面在远离结晶器（见图 1-9）；并且拉速增大后，弯月面距离结晶器越远。

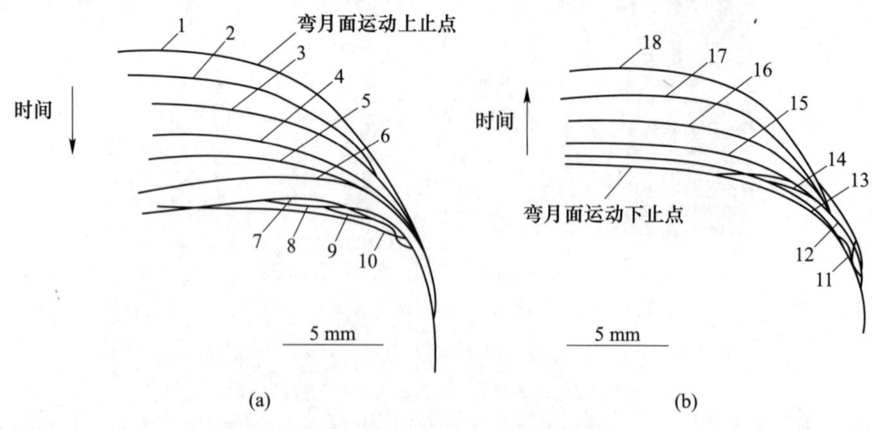

图 1-9　结晶器振动过程中弯月面形貌变化[65]

（a）结晶器向下运动；（b）结晶器向上运动

Thomas 等人[66-67]研究低碳钢振痕凝固钩的形貌（见图 1-10），发现凝固钩最终形貌分布在 Bikerman 方程计算值的两边。这表明振痕是弧形弯月面突然被凝固后形成的，并且形成振痕时弯月面在外力（渣道静压力、渣圈压力、结晶器壁作用力、钢水静压力、钢水冲击力、热应力和液面波动等）的作用下会发生各种各样的变形。

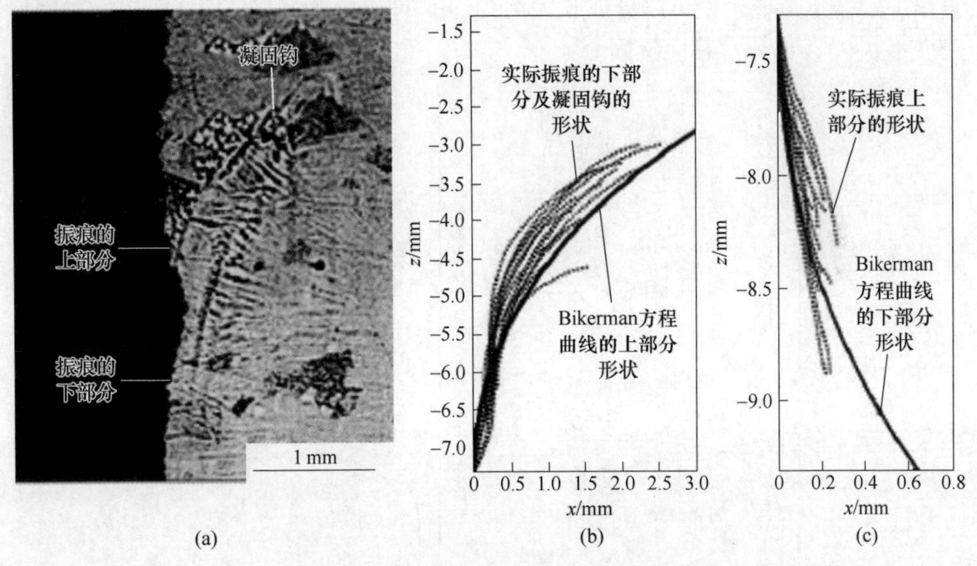

图 1-10 低碳钢振痕形貌及形状[66]

（a）低碳钢振痕形貌；（b）振痕下面凝固钩形状；（c）振痕上部形状

1.4 铸坯表面振痕形成机理

在阐述连铸坯表面振痕形成机理前，先叙述铸造坯壳表面的类似于振痕的凝固痕迹（mark）的形成机理。Stemple[36] 和 Wray[68] 发现了底部填充（bottom filled casting）铸造坯壳表面有 3 种凝固痕迹：（1）间距密集的凹陷，其形成与坯壳热应力有关，且凹陷的间距随浇铸速度增大而减小；（2）间距疏的凹陷，其形成与坯壳非均匀凝固有关，且凹陷的间距随浇铸速度增大而增大；（3）周期性的凹陷，其形成是金属液体在凝固的弯月面上方周期性地溢流造成的。

Schwerdtfeger[35]在此弯月面凝固-溢流凝固痕迹形成机理的基础上，具体细分了底部填充铸造坯壳表面的凹陷型和凝固钩型凝固痕迹的形成机理。如图 1-11 所示，当凝固的弯月面坯壳薄时，凝固的弯月面可能被溢流到其上方的液体金属熔化（凝固的弯月面也可能向铸模方向变形），形成凹陷型凝固痕迹；当凝固的弯月面坯壳厚时，凝固的弯月面不可能被上方溢流的液体金属完全熔化，会形成凝固钩型凝固痕迹。同时 Schwerdtfeger 把这个凝固痕迹生成机理推广到连铸情形，发现连铸坯振痕的间距不仅与弯月面的波动有关，还可能与热流密度的波动有关。20 世纪 80 年代以来，研究者使用各种技术来研究铸坯振痕的形成机理[18,38,66,69]，并提出了许多铸坯振痕的形成理论。这些振痕的形成理论，一些解释了某种特定情形下的振痕形成过程，一些在竞争过程中被淘汰，一些仍然处于争议中。振痕形成理论可以分成 3 大类：（1）坯壳断裂-愈合；（2）初始凝固坯壳变形；（3）部分弯月面凝固。

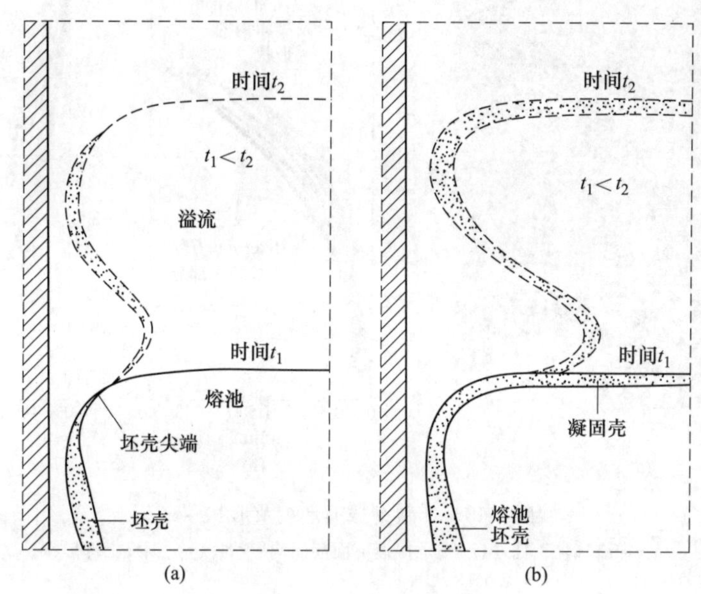

图 1-11 铸造时凝固痕迹的形成[35]

（a）凹陷型；（b）凝固钩型

1.4.1 断裂-愈合振痕机理

Savage 和 Pritchard[24]认为结晶器往上振动时，弯月面附近黏附在结晶器的初始坯壳被拉断；钢水流入断口，随后凝固把断口焊合；结晶器负滑脱时，断口受压力进一步愈合，以此形成振痕。不可否认坯壳断裂后再愈合也能产生振痕，但这个机理不能解释凹陷型振痕的形成，因为金相发现凹陷型振痕没有坯壳断裂-愈合痕迹。Sato[61]观察到初始坯壳会露出钢水液面，因此他认为振痕不在弯月面处生成，而是在弯月面下方；如图 1-12 所示，在结晶器正滑脱时，弯月面（可能是半凝固状态）被带到钢水液面上方，而远离液面的坯壳保持拉坯往下运动；此时在弯月面和远离液面的坯壳之间有一处薄点（可能是半凝固状态），薄点处坯壳被拉长；薄点处坯壳在渣道压力的作用下突起形成二次弯月面（二次弯月面形状符合 Bikerman 方程），结晶器负滑脱时，二次弯月面开始凝固并受到往下的压应力，从而形成振痕。这个理论可以解释为什么结晶器振幅增大后振痕会变深。Szekeres[23]补充了二次弯月面振痕形成理论，认为弯月面附近坯壳/结晶器之间润滑不充分时，弯月面坯壳紧密并平直地黏附在结晶器壁上，而远离弯月面的坯壳凝固收缩与结晶器产生间隙，这两部分坯壳通过薄点处二次弯月面结合；结晶器负滑脱时，弯月面处黏附的坯壳会与下部坯壳接触，然后焊合连接在一起形成振痕；结晶器正滑脱时，弯月面黏附的坯壳与下部凝固坯壳间会形成新的薄点，薄点被拉长后形成二次弯月面。二次弯月面形成机理也不全面，因为结晶器没有负滑脱时（即没有愈合），铸坯表面仍然能形成振痕。

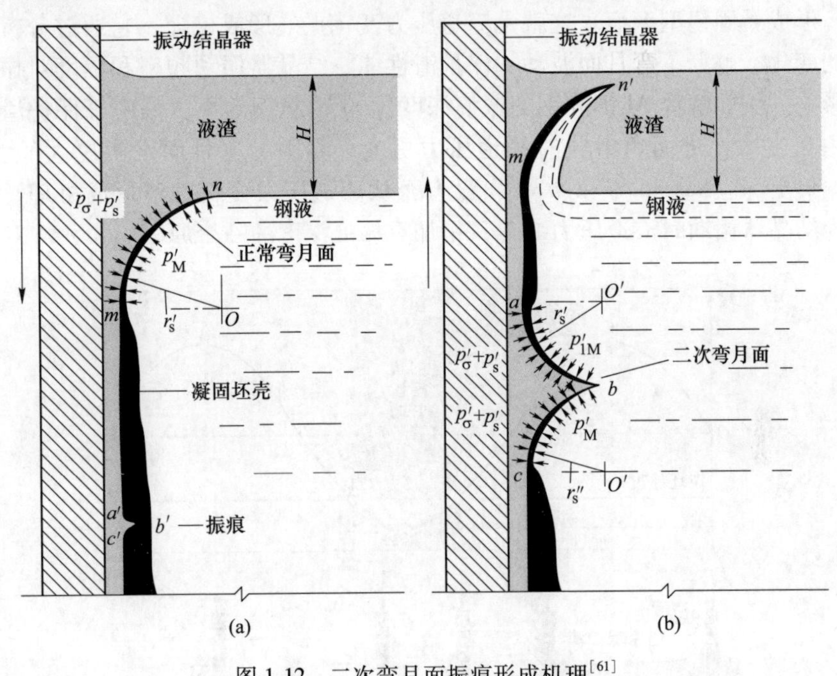

图 1-12　二次弯月面振痕形成机理[61]

（a）结晶器往下运动；（b）结晶器往上运动

1.4.2　弯月面变形振痕机理

保护渣浇铸时，弯月面附近形成保护渣渣圈，渣圈黏附在结晶器上随其一起振动。结晶器往下运动时，渣圈可能会挤压初始坯壳，导致坯壳朝远离结晶器的方向变形；初始连铸坯壳边凝固边下行，当厚度足够时、坯壳很难被钢水静压力压回结晶器侧，接着钢水溢流到凝固弯月面上面形成振痕[52]。连铸实践表明通过增加结晶器温度等措施来减小渣圈尺寸或者使得初始坯壳变薄，可以减小振痕的深度，这事实支持了这一振痕形成机理[70]；但是在油润滑连铸时，没有渣圈，铸坯表面仍会有振痕，因此这一振痕形成机理不全面。对于油润滑浇注时的方坯结晶器，Samarasekara 和 Brimacombe[71] 发现方坯结晶器壁在弯月面附近发生热变形，变形的结晶器和渣圈一样会挤压初始坯壳，导致振痕的生成。但是对于板坯的结晶器壁很难变形，结晶器对初始坯壳挤压作用可以忽略。

Emi[9]、Kawakami[72]、Takeuchi 和 Brimacombe[31] 认为渣圈往复运动时，如图 1-13 所示，坯壳/结晶器间的液态保护渣渣道的静压力在变化；结晶器负滑脱时，渣道压力突然增大，导致凝固的弯月面坯壳被推向钢液一侧；结晶器正滑脱时，渣道产生负压，初始坯壳在钢水静压力的作用下，被推回结晶器侧，形成了凹陷型振痕；当坯壳强度足够时不能被推回结晶器侧，随后钢水溢流到凝固坯壳上方，形成凝固钩型振痕。这就是渣道压力变化振痕形成机理，它通过分析渣道压力的变化，解释了弯月面波动、保护渣性能、结晶器振动频率和幅度对振痕形成的影响。例如解释 Al 镇静钢的振痕深度比 Si 镇静钢的大，是由于保护渣吸收 Al 后黏度变大，进而负滑脱时渣道压力更大、凝固的弯月面发生更大的变形，因此振痕更深。Nakato[27] 和 Wolf[25] 没有否认渣道压力变化振痕形成机理，但他们认为结晶器振动时渣道压力变化只是加重振痕深度的一个原因。

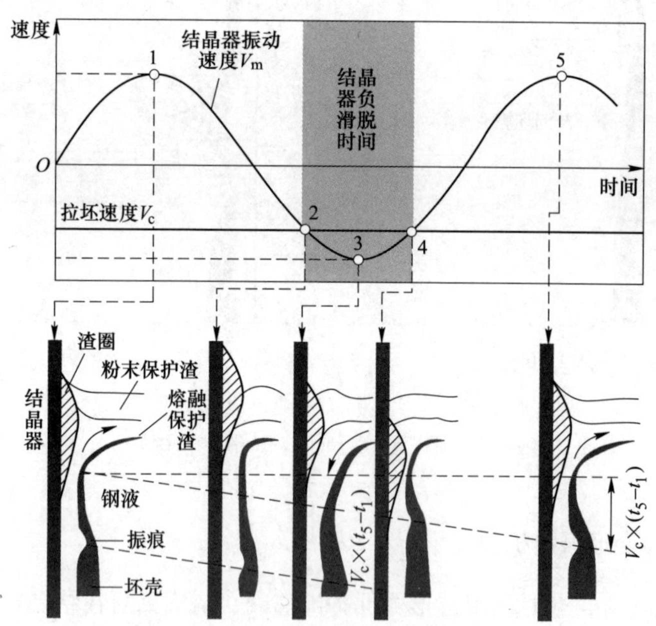

图 1-13　渣道压力变化振痕形成机理[31]

如图 1-14 所示，Sugitani 和 Nakamura[73] 发现铸坯凝固收缩会导致坯壳与结晶器之间产生间隙，传热减慢（坯壳表面可能回温）；随着连铸的进行，当初始坯壳下行达到某一点时，靠近液面处的初始坯壳在钢水静压力的作用下被压回结晶器侧，由此坯壳表面会形成凹陷。但是，这种凹陷里面会出现很多个振痕，因此它不是振痕的形成机理。

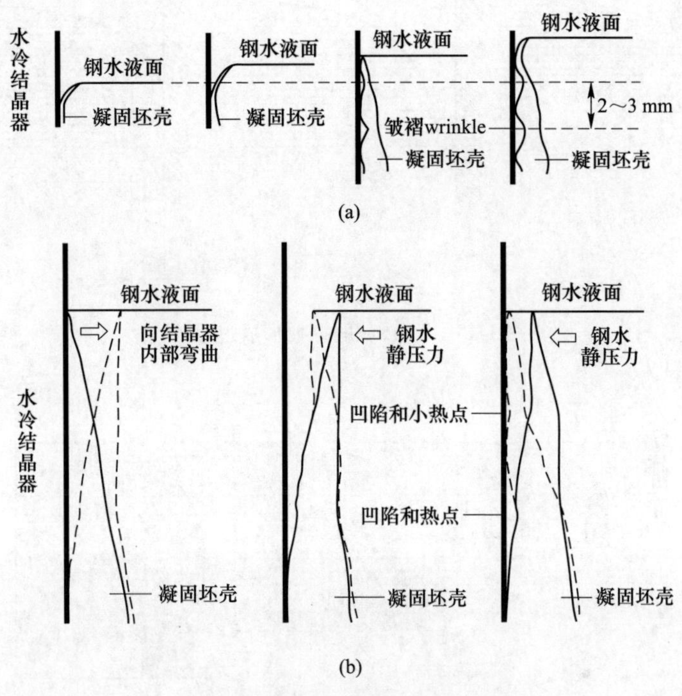

图 1-14　铸坯非均匀凝固[73]

(a) 皱褶 wrinkle 形成；(b) 非均匀凝固

1.4.3　弯月面凝固振痕机理

Tomono[52,62]研究结晶器振动和不振动情况下弯月面的形状后发现一部分弯月面会发生凝固，以此提出弯月面凝固振痕形成机理。如图 1-15 所示，部分弯月面凝固后，随着坯壳往下运动，初始坯壳在钢水静压力的作用下，被推回结晶器侧，形成了凹陷型振痕；当坯壳强度足够时不能被推回结晶器侧，随后钢水溢流到凝固坯壳上方，形成凝固钩型振痕。

如图 1-16 所示，Fredriksson 和 Elfsberg[74]研究发现凝固坯壳、钢液和保护渣的三相点在表面张力和重力作用下会达到稳定状态[75]，且弯月面形状满足 Bikerman 方程；当初始凝固往下运动达到某个深度时，凝固坯壳-钢水-液态保护渣三相点力学失衡，钢水液面被打破；若此时结晶器为负滑脱，钢液溢流到凝固铸坯上方，形成凝固钩型振痕；若此时结晶器为正滑脱，初始坯壳在钢水静压力的作用下被推回结晶器侧，形成凹陷型振痕[76]。

Badri[77-78]通过连铸结晶器钢液初始凝固热模拟装置模拟连铸结晶器内初始

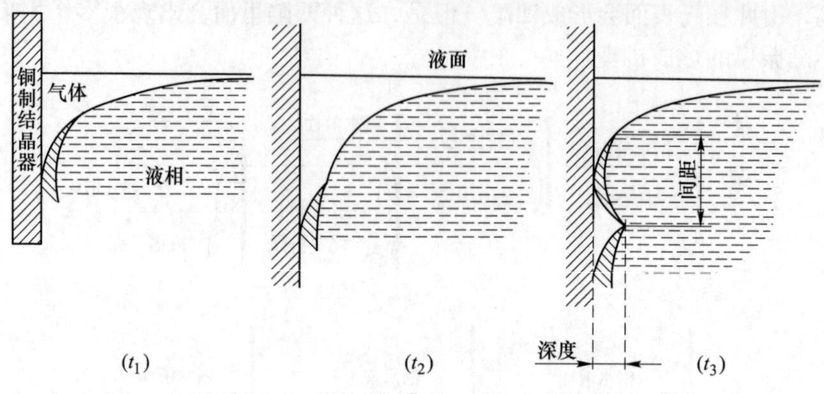

图 1-15 Tomono 的振痕形成过程[62]

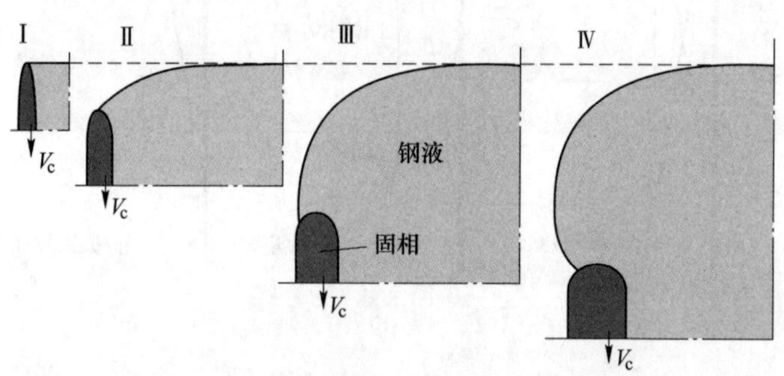

图 1-16 Fredriksson 和 Elfsberg 的振痕形成模型[74]

凝固现象发现：结晶器负滑脱时，弯月面附近通过结晶器的热流密度会突然上升；Badri 认为这是结晶器负滑脱时，部分弯月面发生凝固，释放大量热量的结果。在此基础上提出振痕形成机理：结晶器负滑脱时，弯月面会接近结晶器[65]，由于结晶器冷却势能很大，弯月面加速凝固，因此对应实验结果看到负滑脱时通过结晶器的热流密度突然增大；在结晶器负滑脱末期到正滑脱前期，随着铸坯的下行，凝固的弯月面坯壳在钢水静压力的作用下，被推回结晶器形成凹陷型振痕；若凝固的弧形弯月面坯壳的强度足够大，钢水会溢流到凝固弯月面上方，形成凝固钩型振痕。

1.5 结晶器内凝固与传热现象

1.5.1 结晶器热流密度测量

连铸结晶器内钢水通过释放潜热发生凝固，钢水中的热量通过凝固坯壳、结晶器/坯壳之间的保护渣渣膜、结晶器壁，最后传输到结晶器冷却水中。通常通过结晶器的平均热流密度为1~2 MW/m^2，弯月面附近的热流密度可达2 MW/m^{2}以上[70,79]，有3种确定结晶器热流密度的方法。

(1) 拉坯方向上，结晶器热流密度是时间 t 和高度 z 的函数[80-81]。假设热流密度函数的形式，例如 Schwerdtfeger 方程 $q=\alpha e^{-\gamma z}+\beta$ [82]，Savage 方程 $q=\alpha t^{-\gamma}+\beta$ [24,83-85]，其中参数 α，β 和 γ 可以用结晶器进出口水的温度计算的结晶器平均热流密度来校正[86-87]。很难用一个确定的函数来准确描述通过结晶器的热流密度。用简单的函数拟合的热流密度计算出坯壳厚度，与测量的厚度比较，发现除了弯月面附近的坯壳厚度外，其他地方的计算值和测量值接近[80]。

(2) 结晶器为水冷的热量交换器，通过计算冷却水槽内的对流换热系数，然后以冷却边界条件方式代入数学模型中，计算得到结晶器热流密度。有2种方案计算对流换热系数：1) 使用经验公式计算冷却水槽的 Nusselt 准数，进而求出对流换热系数[88-89]，这是连铸结晶器的数值模拟中最常用的方法；2) 先计算结晶器水槽内水的流场，再采用传热边界层理论计算对流换热系数[90]。结晶器水槽内水的对流换热系数是一个随时间和空间变化的量，方案1把对流换热系数处理成常数，与实际不符合；方案2计算的对流换热系数考虑了其在时间和空间的变化，但是通过湍流模型很难准确地计算出水的瞬时流动，因此对流换热系数计算仍会有偏差。

(3) 从距离结晶器表面不同深度的热电偶测量数据中，计算出结晶器热流密度。根据计算方法可以分成2类；1) 首先计算水平方向距离结晶器表面不同深度的两个热电偶所处位置的温度梯度（$\Delta Y_m/\Delta x$）[91]，再假设结晶器处于一维稳态传热（忽略拉坯方向的传热）或者热扩散速度无穷大，则温度梯度（$\Delta Y_m/\Delta x$）与导热系数（k）的乘积即为结晶器热流密度，显然这类方法不能计算出实际的通过结晶器的热流密度，因为在结晶器振动、钢液流动、保护渣渗入等情况下，结晶器内传热过程是多维的、瞬态的[49,78]。从测量的结晶器温度数据中计算结晶器表面热流密度在数学上属于反问题；因此第二类方法是采用数学反问题算法计算热流密度。反问题基于寻找热流密度函数来逼近真实的热流密度，使反问题目标函数 $s=[\boldsymbol{Y}-\boldsymbol{T}]^{\mathrm{T}}[\boldsymbol{Y}-\boldsymbol{T}]$ 最小化，即使热电偶测量处计算的温度 $\boldsymbol{T}$ 与测量的温度 $\boldsymbol{Y}$ 的差的平方和最小化。数学上，反问题属于不适定问题（ill posed），其解不满足唯一性、存在性和稳定性[92-93]。测量温度微小的误差会导致计算的热流密度产生巨大的波动。因此，许多专门的算法被开发出来求解反问题，例如吉洪诺夫（Tikhnov）正则法（TR）[92]、共轭梯度法（CGM）[94]和顺序函数法[95]。Brimacomb 等人[96]基于二维稳态传热模型建立了传热反问题模型（IHCP）从测量的结晶器温度数据中反演出结晶器热流密度，其传热模型中使用了经验公式计算结晶器冷却水槽的对流换热系数，采用吉洪诺夫 Tikhnov 正则法求解反问题。吉洪诺夫正则法求解反问题需要确定正则项的表达式（相当于反问题的给目标函数添加罚函数）和正则参数，而这两者的选择会直接影响到反问题模型计算的准确性[97]。Thomas[98]使用二维传热反问题模型，从测量的结晶器温度数据中，反演出弯月面处结晶器热流密度。Yao 和 Wang[99-100]建立了二维瞬态传热反问题模型求解结晶器内的热流密度。Nowak[101]建立了三维传热反问题模型，使用 Levenberg-Marquardt 法求解反问题，从测量的温度数据中反演出结晶器热流密度。Goldschmit 等人[102-103]在板坯二维传热模型的基础上，使用泛函分析理论构造传热反问题模型连接传热模型和测量的结晶器温度、结晶器冷却水温度，反演出结晶器与铸坯之间的热流密度。

Wolf[104]研究连铸含 0.6%[C] 的钢时，发现通过结晶器的最大热流密度的地方在弯月面下面 100 mm 处。通过统计大量的连铸数据发现热流密度与时间 $t^{0.64}$成正比。使用函数 $t^{0.64}$ 拟合的热流密度计算出坯壳厚度，与测量的厚度非常接近，同时发现使用拟合热流密度计算的凝固速度与通过二次枝晶估算凝固速度接近。Blazek[81]系统地研究了钢种碳含量、拉坯速度、过热度、保护渣和结晶器冷却水量对通过结晶器热流密度的影响。Thomas 等人[11,89,105-106]采用数值模拟的方法在结晶器内钢水凝固传热方面做了大量的研究，其模型耦合了结晶器内钢水湍流流动、结晶器保护渣、结晶器变形、拉坯速度和浇铸温度等因素对结晶器钢水凝固的影响。但是数值模型中没有考虑结晶器振动对传热的影响。与测量的数据进行对比发现，在长时间程上，计算结果与测量的平均值比较符合；模型不能预测结晶器内瞬态变化的物理现象。这是因为准确边界条件很难确定，尽管现在传热反问题[107]可以克服边界条件的确定，但是由于连铸结晶器被高温、瞬态、多物相限制了温度和流场等的测量。O′Malley[108]测量结晶器热流密度发现：弯月面处热流密度波动最大，沿着拉坯方向热流密度波动在减小。Badri[77-78]使用快速测温技术和传热反问题，观察到弯月面处钢水凝固发生了两个现象：（1）结晶器负滑脱时，通过结晶器的热流密度迅速升高；（2）坯壳表面形貌和弯月面处通过结晶器的热流密度有关系：在时域内比较发现，结晶器负滑脱时，热流密度在上升，坯壳表面此时对应着振痕位置（见图 1-17（a））；在频域内比较发现，热流密度和坯壳表面形貌的频谱图中都有一个频率约为结晶器振动频率的峰值（见图 1-17（b））。

1.5.2　结晶器保护渣润滑与传热

结晶器保护渣浇注时，钢液上面的液态保护渣会渗入铸坯/结晶器间隙，起到润滑和控制传热的作用[109-112]。结晶器/铸坯间的保护渣渣膜厚度可达 1.0 mm[88]，靠近结晶器侧的通常为固态，在结晶器上部，靠近铸坯侧的保护渣为液态，其厚度为 0.1～0.5 mm，在结晶器下部靠近铸坯侧的保护渣可能为固

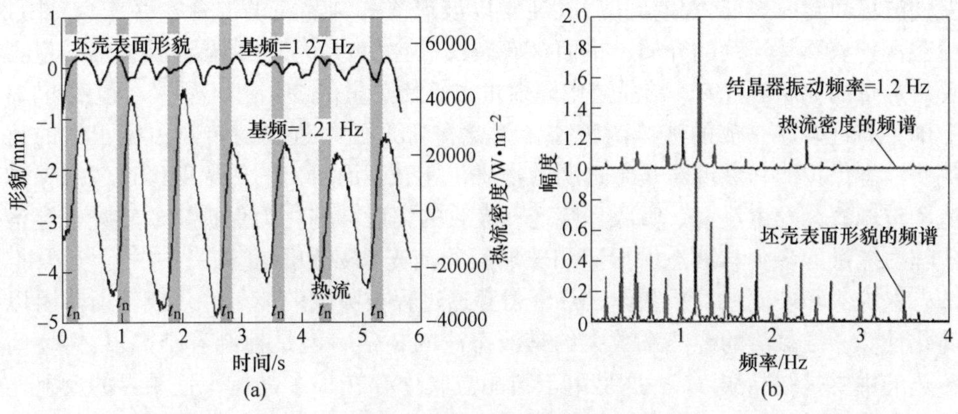

图 1-17　坯壳表面形貌与热流密度的关系[78]
(a) 时域比较；(b) 频域比较

态[89]。从结晶器到铸坯表面保护渣膜通常认为有三层结构，靠近结晶器侧由于快速凝固产生的玻璃层、靠近铸坯表面的为液态层，以及它们之间的结晶层。其中靠近结晶器的固态保护渣可能随着结晶器振动，也可能断裂不随结晶器振动。

保护渣最初的目的是润滑铸坯和结晶器，减小结晶器/铸坯间的摩擦力，防止漏钢和铸坯裂纹的产生。结晶器/铸坯间起润滑作用的主要是液态渣膜，其次是玻璃渣膜，最后是结晶渣膜，一般液态渣膜越厚保护渣润滑效果就越好。液态渣膜的润滑效果和其黏度有关系，同样的液态渣膜厚度下保护渣黏度越小润滑效果越好，坯壳与结晶器之间的摩擦力越小。实际生产中结晶器/坯壳间渣膜厚度和摩擦力很难测量，一般采用保护渣的消耗量（吨钢消耗的保护渣量，单位平方米铸坯表面消耗的保护渣量）来衡量铸坯/结晶器之间的摩擦力大小。结晶器/铸坯间保护渣消耗可以分成 3 部分：第一部分为固态保护渣与铸坯间的液态渣膜，Jenkins[113]建议的平均液渣膜厚度公式为 $1/(3V_c^{0.5})$；第二部分是陷入振痕或者其他表面凹陷处的保护渣；第三部分为一些靠近结晶器侧被铸坯带出结晶器的固态保护渣（固态保护渣膜下降速度为拉坯速度的 4%～18%[89,114]）。保护渣的消耗量与保护渣性能和连铸工艺参数有关系，且必须与连铸工艺参数匹配，保护渣消耗过高时保护渣渗入不均，导致铸坯非均匀凝固；保护渣消耗过低时保护渣渗入不够，导致铸坯裂纹甚至漏钢。提高拉坯速度会导致保护渣渗入润滑困难，从而黏结漏钢的频率升高[115]。Wolf[116]提出保护渣性能满足 $\mu V_c^2 = 0.5 \pm 0.2\ \text{Pa} \cdot \text{s} \cdot \text{m}^2/\text{min}^2$ 时生产顺行、铸坯表面质量最佳，Ogibayashi 等人[117]认为 $\mu V_c^2 = (0.25 \pm 0.15)\ \text{Pa} \cdot \text{s} \cdot \text{m}^2/\text{min}^2$ 时铸坯与结晶器间的摩擦力最小。

钢水凝固时热流以传导传热和辐射传热的方式从铸坯表面开始，通过液态保护渣、固态保护渣和保护渣/结晶器壁的接触界面，最后传输给结晶器[118]。固态保护渣里面含有玻璃渣和结晶渣（通常以玻璃渣和结晶渣的混合物存在），并且固态保护渣不是连续的介质，里面含有裂纹和空隙[114,119]。液态渣膜中辐射量占总传热量的32%~47%，结晶渣中辐射量占总传热量的3%~10%[120-121]。结晶器上部，靠近铸坯一侧的渣膜为液态，因此在弯月面附近辐射传热占据很大的比例。液态保护渣和玻璃渣是半透明的物质，坯壳表面发出的热辐射经过液态保护渣和玻璃渣会发生反射、吸收和穿透；吸收的辐射会转化为保护渣的热量，穿透的辐射能量的多少与液态保护渣和玻璃渣的消光系数和厚度有关[122-123]。通常把液态保护渣和玻璃渣看成灰体，热辐射穿透过程被吸收的能量等效成辐射热阻以简化计算。结晶渣的导热系数大约是液态渣的2倍，但是控制着结晶器/铸坯间传热的主要是结晶渣[124]。这是由于结晶渣膜中存在很多晶体，且晶界的反射作用阻碍了辐射的穿过，因此降低了辐射传热的比重；另外保护渣凝固结晶伴随着体积收缩，从而使接触结晶器的渣膜的表面变粗糙[124]，因此导致保护渣/结晶器间接触热阻变大；在结晶器中下部由于坯壳的凝固收缩/相变收缩，加之结晶器锥度不合适，保护渣/结晶器间和保护渣/铸坯间都可能会产生明显的接触热阻（结晶器上部，保护渣/结晶器间面面紧密接触，保护渣/结晶器之间的接触热阻通常看成是界面热阻；结晶器下部，保护渣/结晶器间甚至会产生宏观尺寸上的间隙）。大量研究表明[125-126]两个不同物质接触时，接触的地方会有接触热阻，接触热阻的大小与接触面的粗糙度、接触力有关系，这意味着结晶器内保护渣/结晶器间接触热阻不是一个常数。不同的研究学者得出不同的保护渣/结晶器间接触热阻的值，其中Nakato[22]的为（3~9）$\times10^{-4}\ m^2\cdot K/W$，Yamauchi[127]的为（4~8）$\times10^{-4}\ m^2\cdot K/W$，Hanao[88]的为（1~3）$\times10^{-4} m^2\cdot K/W$，Cho[128]的为（4~17）$\times10^{-4}\ m^2\cdot K/W$并且其大小随保护渣的厚度和结晶相分数的增加而增加。

1.6 初始凝固国内外研究现状

1.6.1 初始凝固研究方法

Wolf在连铸结晶器初始凝固方面做了大量的研究，总结和探讨了影响铸坯表面缺陷的生成因素和消除/减轻表面缺陷的方法[84,129-130]。铸坯表面质量好坏与结晶器内坯壳初始凝固有非常大的关系，弯月面附近坯壳初始凝固通常被认为是铸坯表面缺陷的发源地。只有准确掌握铸坯表面缺陷的机理，才能为实际生产提出减轻甚至消除铸坯表面缺陷的措施。研究初始凝固方法主要有数值仿真、低温物质代替钢水实验、工厂测试和小型连铸机。

数学模型被广泛用来研究结晶器内的初始凝固行为。可以通过直接求解传热、传动量和传质量偏微分方程[34,74,131-143]来研究和预测钢液凝固、振痕形成和保护渣渗入润滑和辐射传热等现象。但是结晶器内的物理现象非常复杂，数学模型里面所涉及的物理方程都是非线性且跨物理场（溶质浓度、传热、流体和结构力学等），因此许多方程没有解析解，故数值方法[43,49,135,144]被用来求解这些数学物理方程。Lopez 等人[49,144-145]建立了二维钢水流动-传热-凝固数学模型，采用数值方法求解数学模型，研究了振痕形成机理和结晶器/铸坯间保护渣渗入润滑机理，系统研究了结晶器振动频率和振幅、拉坯速度、过热度、保护渣黏度和界面张力对振痕深度的影响。Lopez 支持 Badri 的弯月面凝固振痕机理[77-78]，认为部分弯月面凝固是振痕形成的必要条件。但是他与 Badri 解释结晶器负滑脱时弯月面加速凝固（对应实验观察到结晶器负滑脱时弯月面热流密度突然上升）的原因不同：他认为负滑脱到正滑脱前期，由于渣圈和结晶器相对于坯壳的运动，渣道内产生的“泵吸作用”，因此保护渣瞬时消耗量增加了 2~3 倍；结晶器顶部液渣层中的液态保护渣渗入结晶器/坯壳间的量突然增大，会导致渣道内产生强制对流换热，弯月面加速凝固，由此结晶器热流密度突然上升。Jonayat 和 Thomas[146]建立了类似的二维钢水流动-传热-凝固数学模型，模拟了现场情况[66-77]下结晶器内钢水初始凝固行为、振痕形成和保护渗入润滑情况，并预测了结晶器振动与保护渣消耗的关系。数值模拟代替复杂的现场连铸实验，可以很方便地研究连铸参数（结晶器振动、拉坯速度、浇铸温度等）对初始凝固的影响，以及研究连铸参数与表面缺陷形成的关系。但是数学模型和数值仿真不能反映真实的连铸结晶器内初始凝固的情况，它们仅仅是物理现象的逻辑反演和数学描述。连铸数学模型的建立和求解，以及数学模型在生产实际上的应用方面还有很多问题需要克服[43]：例如测定高温物性参数和测量准确的边界条件，以及介质发生非连续性突变时数学方程的合理性（如产生裂纹，介质内质点不连续，因此基于连续性介质假设推导的流体、传热等物理场的数学物理方程变得不再适用）。

工厂测试和小型连铸机[6,24,41,81,88,115,147-149]是最好的研究结晶器内初始凝固的工具。最有代表性的是 Matsushita 等人[65]直接在连铸结晶器弯月面附近安装了光纤，在线观察钢液初始凝固时弯月面形状变化。发现结晶器负滑脱时弯月面向结晶器壁靠拢。Hanao 等人[88,119,147,150]在小型连铸机上研究了结晶器内初始凝固现象，发现弯月面附近坯壳厚度生长不服从平方根定理（可能是弯月面处钢液中溶质元素偏析与富集导致的[151]）；依据包晶钢在结晶器内需要缓冷来降低初始坯壳非均匀凝固以防止铸坯纵裂纹产生的原理，Hanao 还通过小型连铸机试验了不同包晶钢保护渣性能的优劣。

工厂试验和小型连铸机来研究初始凝固会有很多的限制：例如工厂试验会影响生产安全，且操作复杂；小型连铸机在投资、维护和实用性上有很多的缺陷[88]。低熔点的物质，例如有机物质[52,152]和低熔点合金[153-159]代替钢水可以方便研究结晶器内的初始凝固现象，使研究连铸振动、拉坯速度和浇铸温度对凝固的影响变得容易，但是低温物质不能模拟真实的初始凝固行为、结晶器/铸坯间保护渣的传热与润滑行为。鉴于数值模拟的不足和工厂试验的不便，介于工厂和实验室之间、能模拟真实钢水凝固的设备被开发出来。如表 1-2 所示，实验室研究连铸结晶器内初始凝固的设备可以分为 4 大类：浸入测试（dip test）、底部填充铸造（bottom filled casting）、浸入模拟器（dip simulator）和工厂小型结晶器（pilot caster）。鉴于小型结晶器使用和维护的不便，以及浸入测试、底部填充铸造和浸入模拟器不足以模拟研究实际连铸条件下钢水初始凝固现象，连铸结晶器钢液初始凝固热模拟装置为此应运而生。连铸结晶器钢液初始凝固热模拟装置在实验室规模上就可以研究真实的、复杂的连铸结晶器内初始凝固现象[77-78]。

表 1-2 研究初始凝固的实验设备

类型	功能	著名学者
浸入测试（dip test）	研究结晶器与液态保护渣、金属之间的传热；凝固传热与坯壳表面质量的关系。结晶器可安装光纤测温，但是由于结晶器不能振动，因此不能模拟连铸拉坯过程	Wen [160-161]，Bouchard[162]，O′Malley [163]
底部填充铸造（bottom filled casting）	底部填充铸造结晶器，研究铸造时弯月面的形状变化和铸坯表面凝固痕迹的形成机理	Tomono [52,62]，Stemple[36]，Wray[68]
浸入模拟器（dip simulator）	研究初始凝固，振痕形成机理，结晶器振动，模拟连铸拉坯过程，但不能模拟真实结晶器冷却条件的能力	Saucedo[164]
基于特征单元热相似性的金属凝固过程热模拟体系	广泛应用于连铸坯及大型铸件凝固组织的模拟、裂纹、溶质偏析预测和夹杂物析出等研究中，可研究电磁超声波峰物理场对凝固的影响，为工艺优化提供指导	翟启杰[165]
工厂小型结晶器	研究钢种碳含量、拉坯速度、过热度，保护渣和结晶器冷却水量对结晶器热流密度、坯壳表面质量及初始凝固的影响	Blazek[81]，Hanao[148,150]

1.6.2 发展中的连铸结晶器钢液初始凝固热模拟装置技术

初始凝固发生在弯月面附近，由于结晶器振动、钢水流动和保护渣渗入等作用下，传热是一个瞬态变化的过程，一方面需要灵敏度很高的传感器来测量微小的温度、钢水流动情况；另一方面需要稳健的数学模型从采集的数据中反演出结晶器内发生的物理和化学现象。随着传感器技术和数据处理技术的发展，连铸结晶器钢液初始凝固热模拟装置技术一直处于完善和发展中。结晶器温度采集速度要满足 Shannon 采样定理[166]，即温度采集速率必须大于 Nyquist 频率，其中 Nyquist 频率等于 2 倍的信号中最高频率分量的频率。假设要采集结晶器振动

(振动频率为 2 Hz) 引起的传热信息，那么温度采集频率必须不小于 Nyquist 频率 (4 Hz)。目前许多实验和连铸过程中结晶器温度采集频率很低 (大约 1 Hz)，因此这些实验和现场测量的温度数据中[80,158-159,167-169]，不含结晶器振动引起的传热信息。

图 1-18 所示为日本 NKK 公司率先建立的连铸结晶器钢液初始凝固热模拟装置[69,72,170]，这台装置可以研究连铸坯初始凝固现象。Kawakami、Takeuchi 和 Tsutsumi 分别利用这台连铸结晶器钢液初始凝固热模拟装置研究了铸坯振痕形成机理，保护渣消耗量，表面夹渣和表面裂纹的抑制方法。但是受当时传感器技术和数据采集技术的限制，没有测量到初始凝固时微小的温度变化；温度采集速度慢，不能研究结晶器振动对传热的影响；同时缺乏有效的数学手段从采集的温度数据中反演出结晶器内铸坯初始凝固时发生的物理和化学现象。如图 1-19 所示，1998 年 Tata 公司在保留 NKK 连铸结晶器钢液初始凝固热模拟装置功能的基础上，增加了模拟连铸坯裂纹形成、凝固前沿热撕裂的功能，但是其结晶器的内部结构复杂，热电偶安装空间有限，因而不能广泛地收集钢水凝固时的温度信息。Santillana[171] 利用这台连铸结晶器钢液初始凝固热模拟装置研究了连铸过程铸坯裂纹生成时，温度和铸坯应力状态的关系。

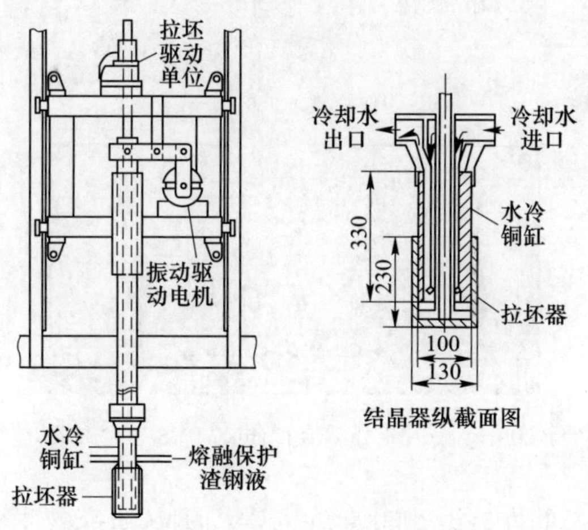

图 1-18　NKK 的连铸结晶器钢液初始凝固热模拟装置[72]

同时，奥地利 Leoben 大学引入测量力装置开发了浸入铜液分裂冷拉伸装置 SSCT 来模拟连铸坯凝固时裂纹的形成；与连铸结晶器钢液初始凝固热模拟装置比较，SSCT 功能单一，不能模拟结晶器不能振动，只能模拟连铸坯凝固时裂纹的形成 (见图 1-20)。Bernhard 等人[172-174] 使用 SSCT 研究了铸坯高温力学性能，研究坯壳的极限应力应变与凝固组织结构的关系，以及晶粒尺寸、第二相析出物和裂纹产生的关系。

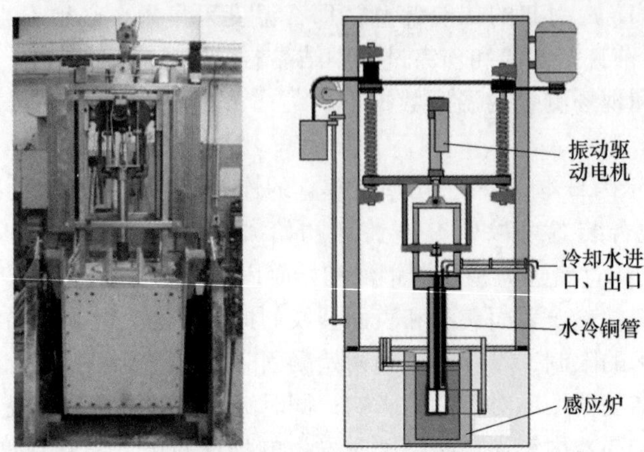

图 1-19　Tata 的连铸结晶器钢液初始凝固热模拟装置[169]

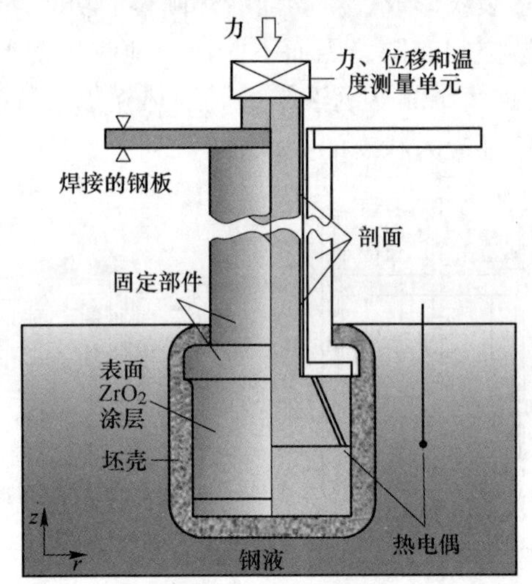

图 1-20　浸入钢液分裂冷拉伸装置 SSCT 结构图[177]

随着热电偶技术的发展，2000 年左右美国钢铁研究技术中心开发了真正具有研究结晶器内初始凝固现象功能的连铸结晶器钢液初始凝固热模拟装置[77,175]（见图 1-21）。Badri[77-78]证明了这台连铸结晶器钢液初始凝固热模拟装置具备模拟结晶器内初始凝固的能力，并利用该装置研究了连铸工艺参数对钢水初始凝固的影响，得到了传热与振痕、坯壳表面形貌的关系。这台连铸结晶器钢液初始凝固热模拟装置首次使用了快速温度测量系统（采集频率高达 100 Hz）[176]，因此可以分析结晶器振动对传热的影响；同时采用一维传热反问题数学模型将测量的温度数据反演成结晶器热面的热流密度和温度，具有强大的研究钢水初始凝固功能。

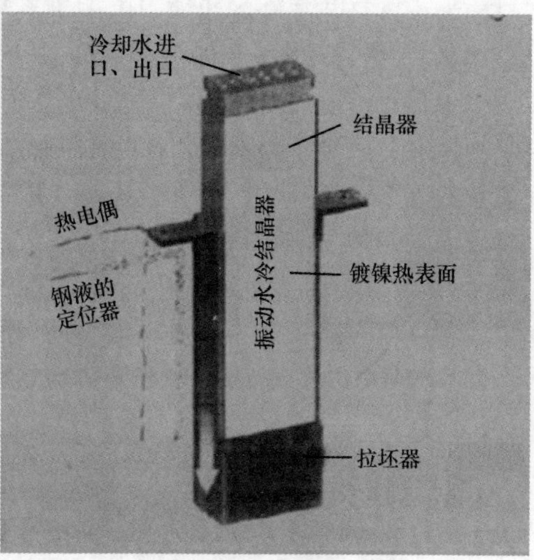

图 1-21 美国钢铁研究中心的连铸结晶器钢液初始凝固热模拟装置

如图 1-22 所示，2011 年左右韩国 POSCO 公司和韩国 Yonsei 大学共同研发了连铸结晶器钢液初始凝固热模拟装置，这套装置和美国钢铁研究中心的相似，这台连铸结晶器钢液初始凝固热模拟装置具备三个结晶器，可以很方便地研究不同连铸参数（振频、振幅、结晶器冷却条件和拉坯速度）对初始凝固的影响。但

图 1-22 浦项的连铸结晶器钢液初始凝固热模拟装置[151]

是到目前为止这套装置缺乏快速温度测量系统和有效的数学模型将温度数据转换成结晶器热面的热流密度和温度，因此其研究钢水初始凝固能力受限。Sohn 等人[178-179]利用这台连铸结晶器钢液初始凝固热模拟装置研究了中碳钢和低碳钢的初始凝固情况，研究了结晶器/铸坯间保护渣的结晶过程、铸坯凝固传热与坯壳表面质量的关系。Moon[151]利用这台连铸结晶器钢液初始凝固热模拟装置研究了结晶器表面刻沟槽对钢水初始凝固和坯壳表面形貌的影响。

印度 CSIR-国家冶金实验室 Kamaraj 教授[180-181]使用连铸结晶器钢液初始凝固热模拟装置（见图 1-23）研究了低碳钢和 IF 钢的初始凝固行为，研究了保护渣性能，以及拉坯速度、结晶器振动等对初始坯壳表面质量的影响。

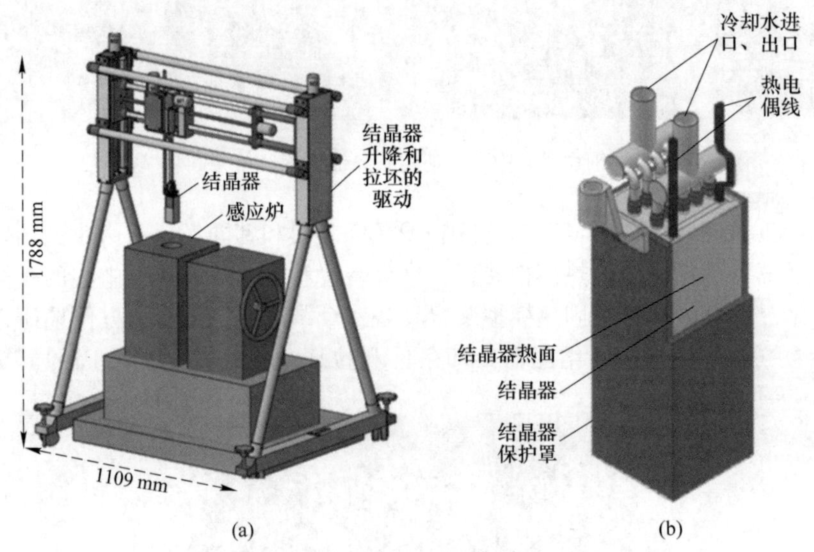

图 1-23　印度 CSIR-国家冶金实验室的连铸结晶器钢液初始凝固热模拟装置[181]

（a）设备示意图；（b）结晶器和拉坯器

结晶器内发生着高温、多相、瞬态变化的凝固传热、钢水流动、保护渣渗入和渣钢反应，加之结晶器本身不透明，使得对结晶器钢液凝固行为有效研究及其调控机制成为国际技术瓶颈。连铸结晶器是钢液初始凝固的地方，决定铸坯质量和生产效率。只有建立有效研究方法、装备，才能准确理解钢液初始凝固行为及其调控机制；从而提高铸坯表面质量，简化轧钢前铸坯表面修整工序，进而提高金属收得率。然而对结晶器高温热力学的有效研究仍是国际上公认的难点。在工厂连铸机上研究结晶器内初始凝固行为，不易操作，会影响生产的顺行，更易诱发生产事故。本书详细阐述了连铸结晶器钢液初始凝固热模拟装置的开发，以及实验条件下该装置在研究结晶器内热动力学行为方面的应用。

2 连铸结晶器钢液初始凝固热模拟装置及实验技术

铸坯表面缺陷起源于结晶器内钢液初始凝固阶段。连铸时结晶器内发生的异常冶金行为，如保护渣非均匀渗入、钢渣反应、热流波动、坯壳非均匀生长、液面波动等现象，导致凝固铸坯产生凹陷、裂纹、夹杂等缺陷，严重影响钢铁产品质量。然而，结晶器本身不透明，这使得结晶器冶金行为有效研究是国际公认的技术难题。本章介绍的连铸结晶器钢液初始凝固热模拟装置可在实验室条件下研究结晶器钢液凝固，保护渣渗入、结晶、润滑及控热等多相体系热动力学行为，并可制取与真实结晶器内相似的渣膜和初始凝固坯壳，实现了结晶器内钢液凝固研究的小型化、在线化，突破了结晶器冶金有效研究的国际瓶颈。

2.1 连铸结晶器钢液初始凝固热模拟装置介绍

基于结晶器浸入钢液逆向凝固的思路，开发的连铸结晶器钢液初始凝固热模拟装置如图 2-1 所示，该装置包括初始凝固过程模拟系统、数据采集系统、计算机控制系统三大块。

(1) 初始凝固过程模拟系统包括：中频感应炉、结晶器振动系统、结晶器冷却系统、拉坯系统和弯月面控制系统。其中，中频感应炉（50 kg）的内腔形状为圆台型（底部直径 120 mm，上部直径 180 mm，内高 300 mm，炉体材料为 MgO），炉口设置了封闭罩，往里面吹氩气等惰性气体可以控制钢水熔化时的气氛。水冷铜质的结晶器尺寸为 30 mm×50 mm×350 mm，具有振动能力，可以控制结晶器按一定的频率、振幅和振动曲线振动；里面设有直径为 10 mm 的 U 形冷却水水槽，其中冷却水从水槽一头进再从另一头出。结晶器外面套了一个低碳钢制成的拉坯器，拉坯器使得结晶器只有一面暴露在钢水中。通过驱动拉坯器相对于结晶器向下运行的速度（类似于连铸开浇时引锭杆）来模拟一定连铸拉速下结晶器内初始凝固过程。

(2) 计算机自动控制系统可以让连铸结晶器钢液初始凝固热模拟装置按预定程序运作。

(3) 快速测温系统实现在线快速测量温度（最大温度采样速率可达 100 Hz），以便捕捉钢水初始凝固的所有凝固信号；其在钢水液面附近，结晶器热面下方安装了两排深浅不同的高灵敏度的热电偶；同时采用数学反问题优化了热电偶个数和安装位置。

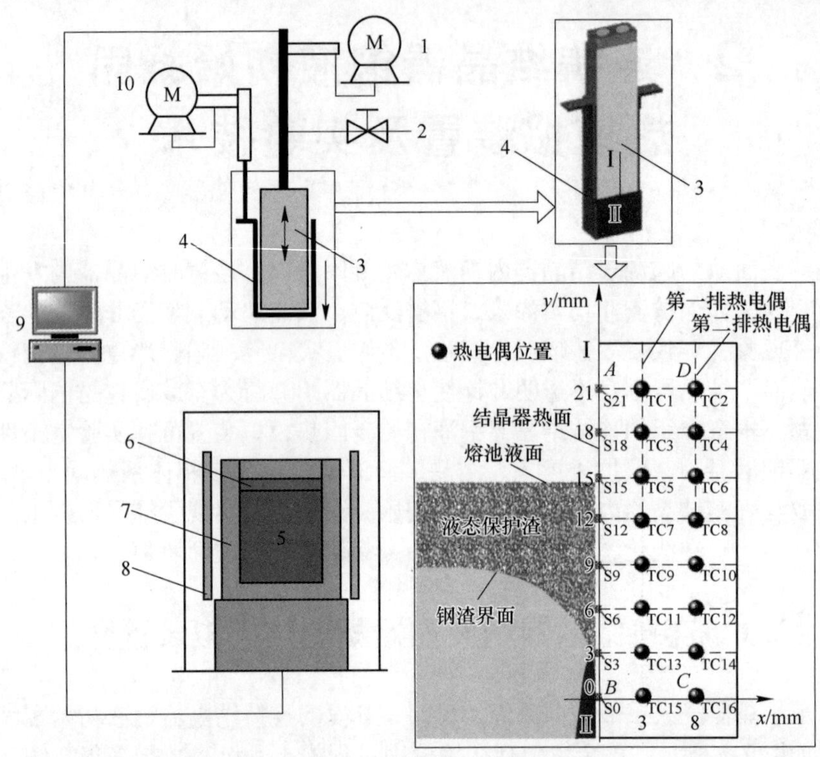

图 2-1 连铸结晶器钢液初始凝固热模拟装置示意图和结晶器壁内热电偶安装

1—振动驱动设备；2—冷却水设备；3—结晶器；4—拉坯器；5—钢水；6—结晶器保护渣；7—感应炉；8—感应线圈；9—控制和数据采集设备；10—拉坯器驱动

图 2-1 所示的黑点代表热电偶，共 16 只 T 型热电偶分两排埋入结晶器壁，其中第一排和第二排热电偶分别距结晶器热面 3 mm 和 8 mm，热电偶垂直均匀排列其间隔 3 mm。采用非稳态传热反问题，将结晶器热电偶测量的温度转化为结晶器热面的热流密度、结晶器温度，从而实现在线监测钢水初始凝固过程。

连铸结晶器钢液初始凝固热模拟装置的实验过程如下：

（1）钢放入感应炉熔化后，加入脱氧剂（根据气氛和钢液成分确定加入量）和保护渣（加入量需保证钢水顶部液态保护渣层厚度约为 10 mm）；保温一段时间后保护渣全部熔化，同时调整钢液温度。

（2）关闭中频感应炉，水冷结晶器按照预设的振动模式开始振动，同时开启快速温度数据采集系统，并且拉坯器和结晶器一起进入钢液，进入钢液一定深度后停留几秒，让结晶器和拉坯器上生长一层足够强度的初始坯壳，防止拉坯器拉坯时，初始坯壳被拉断裂。

（3）开始模拟连铸过程中结晶器内的初始凝固行为。如图 2-2 所示，拉坯器按预先设定的速度（即连铸拉速）与结晶器分离，此时结晶器只振动不下降，而拉坯器往下运动，以此带动已经凝固的坯壳相对于结晶器往下运动（此时拉坯器好比是连铸开浇时引锭杆拉动凝固坯壳）；拉坯时由于熔池液面会上升因此结晶器需要相应的抬升，以保证熔池液面相对于结晶器位置不变。需要注意的是，在连铸结晶器钢液初始凝固热模拟装置中进行连铸实验的过程中，保持液面相对于结晶器的稳定性是一项具有挑战性的任务。与真实结晶器液面波动一样，熔池液面波动会对结晶器与坯壳之间保护渣的渗入及坯壳表面形貌产生非常重要的影响。有时，拉坯速度过快或者结晶器抬升速度过慢、过快或者出现抖动，甚至某些钢种的凝固速度过快，都可能导致熔池表面出现明显的“波浪”现象。

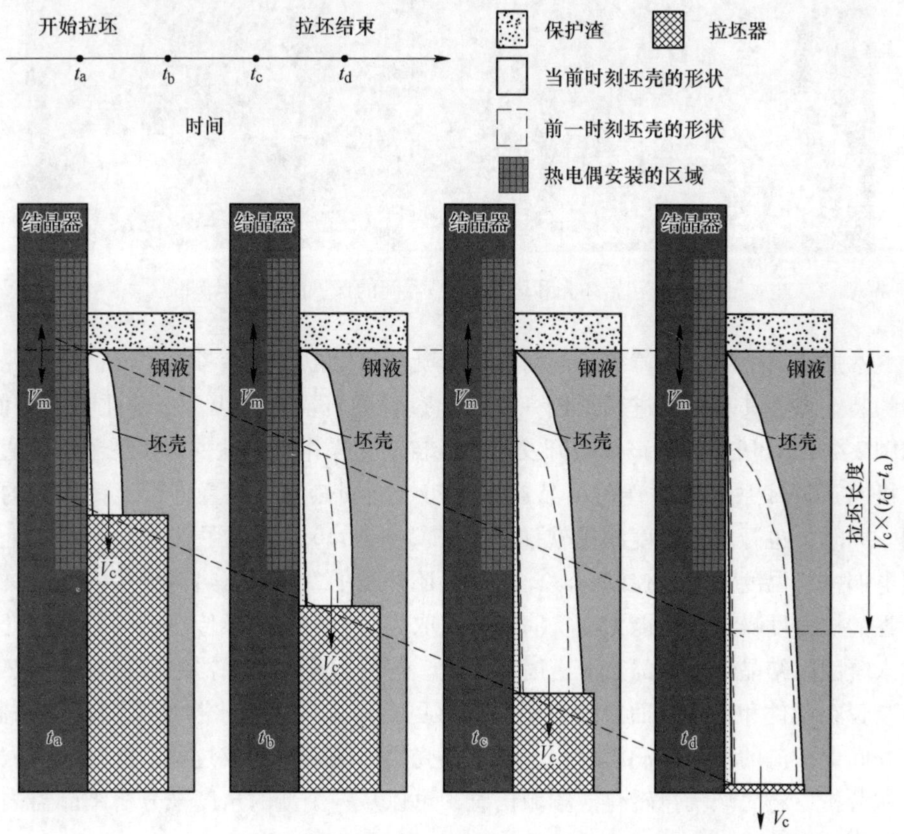

图 2-2 连铸结晶器钢液初始凝固热模拟装置模拟连铸过程示意图

V_c—拉坯速度；V_m—结晶器振动速度

（4）拉坯器运动一定时间后，结晶器和拉坯器都停止运动，再停留几秒后把结晶器和拉坯器一起拉出钢液；停止温度数据采集，连铸结晶器钢液初始凝固热模拟装置结束模拟连铸过程。

(5) 坯壳在空气中冷却后，切开拉坯器得到初始坯壳以及结晶器与凝固坯壳之间的渣膜（见图 2-3）。

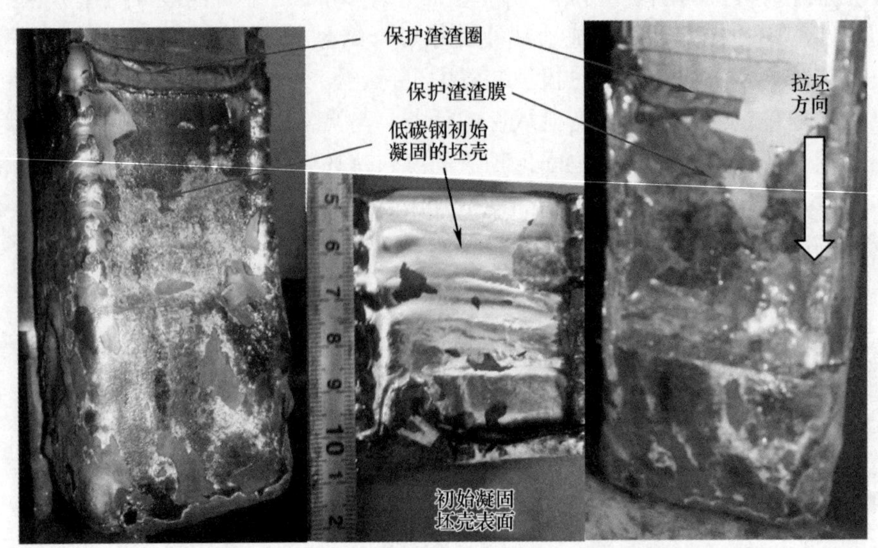

图 2-3　初始坯壳和坯壳/结晶器间的保护渣膜的示例图

本书研究使用的连铸结晶器钢液初始凝固热模拟装置参考了美国钢铁研究中心的装置，在其基础上进行了进一步实验过程的自动化升级。自动化升级方面，如图 2-4（a）所示，为该设备开发了实验自动化操作控制软件，实现了在普通计算机 Windows 系统上对连铸结晶器钢液初始凝固热模拟装置进行连铸实验的控制。同时，也开发了温度测量软件（见图 2-4（b）），实现了在普通计算机上对热电偶进行温度测量的控制。除此之外，还开发了二维瞬态热传导反问题其具有更强的抗温度噪声干扰能力和反演能力，取代了以前的一维传热反问题在线计算钢水凝固时结晶器热面的热流密度和温度。这使得连铸结晶器钢液初始凝固热模拟装置在硬件和软件方面更加协调，能够更直观地研究钢水初始凝固时结晶器/坯壳间保护渣的渗入与润滑过程，以及坯壳表面缺陷的形成过程。同时，引入了频域分析，将时域信息转化成频域信息，可以从一个新的角度来分析结晶器内的初始凝固现象。

本书研究使用的连铸结晶器钢液初始凝固热模拟装置与美国 US Steel 和韩国 POSCO 的比对见表 2-1。本书研究和韩国 POSCO 的连铸结晶器钢液初始凝固热模拟装置都是在 US Steel 的连铸结晶器钢液初始凝固热模拟装置基础上开发出来的。本书开发了二维瞬态热传导反问题 2D-IHCP 反演传热过程（US Steel 和韩国 POSCO 的都采用了 Beck 的一维瞬态热传导反问题软件 1D-IHCP）；POSCO 的具

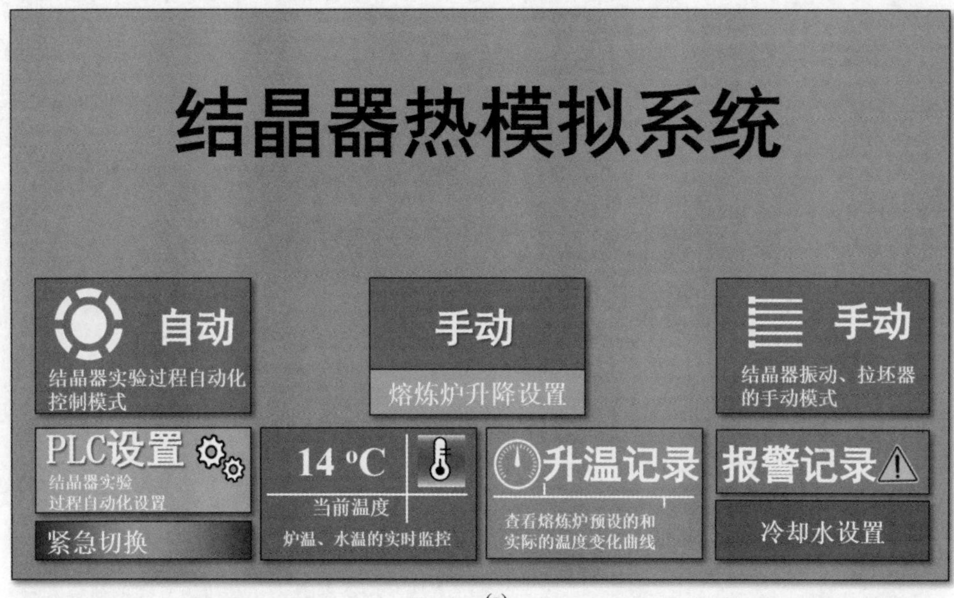

(a)

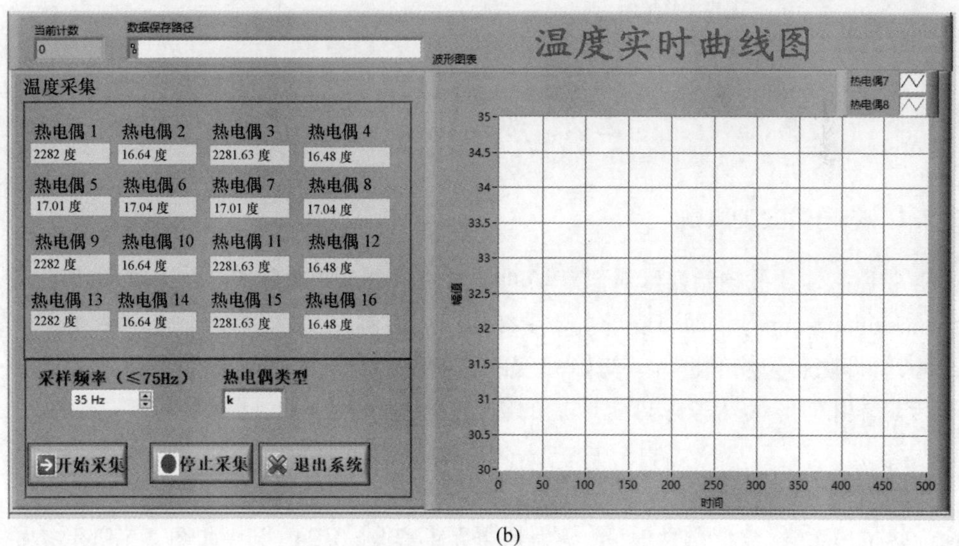

(b)

图 2-4 连铸结晶器钢液初始凝固热模拟装置

（a）实验操作控制软件；（b）温度测量软件

备 3 个结晶器，可以同时进行 3 次实验，这给研究连铸参数对初始凝固现象的影响带来了很大的方便；本书使用的和 US Steel 研发的连铸结晶器钢液初始凝固热模拟装置都采用了频域分析实验数据。

表 2-1 连铸结晶器钢液初始凝固热模拟装置技术对比

对比参数	US Steel（2000 年）	POSCO（2011 年）	本书研究使用的（2011 年）
快速温度采集系统	有快速温度测量系统	无快速温度测量系统	有快速温度测量系统
反演传热过程方法	一维瞬态热传导反问题 Beck 的 1D-IHCP 软件	一维瞬态热传导反问题 Beck 的 1D-IHCP 软件	二维瞬态热传导反问题 2D-IHCP 软件
频域法分析数据（信号提取、温度、热流密度和坯壳表面等）	有	无	广泛使用
结晶器个数	1 个	3 个	1 个
技术特点	原创性开发与研究：首次采用快速温度测量系统，使用反问题数学模型反演传热过程，使用频域分析处理实验结果	一次实验可以同时使用 3 个结晶器，方便研究连铸参数（拉速，结晶器振动参数等）对坯壳的影响	开发了 2D-IHCP 反演传热过程；拓宽使用频域分析来处理实验结果；提高了对初始凝固的研究和分析能力

2.2 热电偶布置

2.2.1 热电偶安装原则

非稳态传热按初始温度对温度场的影响可以分为 2 个阶段：（1）非正规阶段（nonregular regime），即温度场主要受初始温度控制；（2）正规阶段（regular regime），即随着传热的进行，初始温度的影响慢慢消失，温度场主要受边界条件和传热体几何形状（考虑热变形）的影响[182]。线性激励（热流密度）条件下，一维非稳态传热达到正规状况阶段需要的无纲量时间傅里叶数 Fo（$Fo=\frac{\alpha t}{l^2}$，其中 α 为热扩散系数，t 为传热时间，l 为到边界距离）≈0.24[183]：如图 2-5 所示初始温度 T_0、导热系数 k、密度 ρ 和热容 c 的半无限长传热杆，在边界 $x=0$ 处受到一个热流密度振幅为 A_q、振动频率为 f 的热流密度 $q(t)$：

$$q(t)=A_q\cos(2\pi ft) \tag{2-1}$$

当无限长传热杆进入非稳态传热的充分发展阶段后（类似于非稳态传热的正规阶段），初始条件的影响消失，传热只受到边界条件的影响。此时半无限长传热杆的温度和热流密度的解析解为[184-186]：

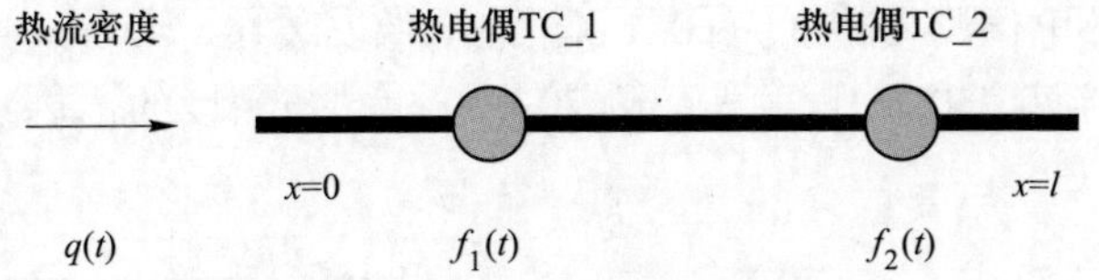

热流密度 热电偶TC_1 热电偶TC_2

$x=0$ $x=l$

$q(t)$ $f_1(t)$ $f_2(t)$

图 2-5 一维半无限长固体传热

$$T(x,t) = T_0 + \frac{A_q}{k}\sqrt{\frac{k}{2\pi f\rho c}}\exp\left(-x\sqrt{\frac{\pi f\rho c}{k}}\right)\cos\left(2\pi ft - x\sqrt{\frac{\pi f\rho c}{k}} - \frac{\pi}{4}\right) \quad (2\text{-}2)$$

$$q(x,t) = A_q\exp\left(-x\sqrt{\frac{\pi f\rho c}{k}}\right)\cos\left(2\pi ft - x\sqrt{\frac{\pi f\rho c}{k}}\right) \quad (2\text{-}3)$$

从式（2-2）得出在 x 处相应温度的波动振幅 A_T 为：

$$A_T = \frac{A_q}{k}\sqrt{\frac{k}{2\pi f\rho c}}\exp\left(-x\sqrt{\frac{\pi f\rho c}{k}}\right) \quad (2\text{-}4)$$

2.2.1.1 内部传热的滞后性

对比式（2-2）和式（2-3）发现，距离表面越远温度变化和热流密度变化越滞后，假如距离表面距离 $x_1<x_2$，则 x_2 处的温度变化和热流密度变化都要比 x_1 处的滞后。且任意位置的温度（response，响应）和热流密度（excitation，激励）的振动频率一致，但是温度要比其热流密度滞后 1/8 周期。式（2-4）给出了温度振幅 A_T、热流密度振幅 A_q 和波动频率 f 的关系，实验测得温度的变化（里面含有温度振幅 A_T 和波动频率 f 的信息）就可计算出热流密度振幅 A_q。

2.2.1.2 内部传热的阻尼响应对安装位置的影响

从式（2-2）和式（2-3）中发现，沿着 x 方向，热流密度的振幅和温度的振幅都呈指数下降。热电偶安装要尽可能地靠近边界 $x=0$ 的位置，使得该位置响应温度的振动幅度大于热电偶误差，否则不能区分出测量点温度波动是热电偶误差还是热流密度波动信号。如图 2-6 可知，热流密度振幅 A_q 减小时，传热体内部产生响应温度的振动幅度 A_T 在下降；因此热电偶安装要尽可能地靠近边界，以保证该位置响应温度的振动幅度大于热电偶误差，这样才能测量到因边界热流密度的波动而导致的温度波动。例如，当热电偶测量精度为±0.1 K，热电偶安装在 $x=5$ mm 处，此时只能测量到 $x=0$ 处，振幅大于 40 kW/m^2 的频率为 2 Hz 热流密度的传热波动信号（见图 2-6）。如图 2-7 可知，热流密度振动频率 f 增大，传热体内部产生响应温度的振动幅度 A_T 在下降；因此边界热流密度振动频率增大时，热电偶安装应尽可能地靠近边界，使得响应温度的振动幅度大于热电偶测量误差。例如，当热电偶测量精度为±0.1 K，热电偶安装在 $x=5$ mm 处，此时只能测量到 $x=0$ 处频率小于 0.6 Hz 的振幅为 20 kW/m^2 热流密度的传热波动信号（见图 2-7）。

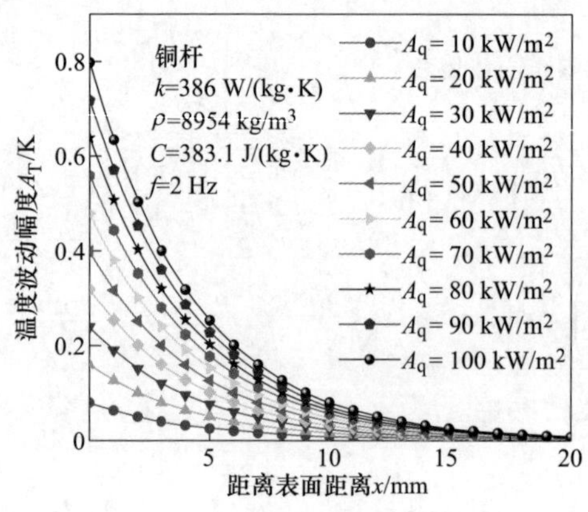

图 2-6　边界热流密度振幅对传热介质内温度振幅的影响

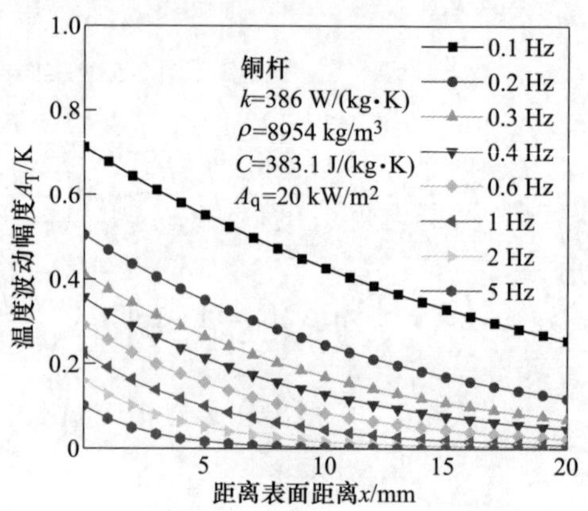

图 2-7　边界热流密度振动频率对传热介质内温度振幅的影响

2.2.1.3　热电偶安装孔大小的影响

在结晶器内的热电偶安装孔对结晶器温度场有影响，它可能使附近的温度场变形，以至于热电偶测量的温度偏离真实值。减少热电偶孔对温度场影响的方法有：（1）热电偶安装孔设计成与结晶器等温线平行（即垂直于热流方向），可以减少安装孔对结晶器温度场的影响[187]；（2）减小安装孔直径与安装孔到结晶器热面的距离的比值[188]；（3）减少结晶器与热电偶之间的接触热阻。

2.2.1.4　热电偶常数的影响

连铸结晶器内钢水瞬态凝固过程伴随着快速的温度变化，因此热电偶必须拥有更小的热电偶常数 τ_c（response time，即热电偶突然放入恒温热源被加热，当温度达到最终温度的 63%所需要的时间）。热电偶常数与热电偶本身材质和安装状况有关，其公式为：

$$\tau_c = \frac{c\rho V}{hA} \tag{2-5}$$

式中，c 为热电偶焊接材料的比热容；ρ 为热电偶焊接材料的密度；V 为焊接点的体积；h 为热电偶和被测量介质间的换热系数；A 为焊接点与被测量介质的接触面积。

热电偶常数增加会导致测量的温度滞后于实际值，进而计算的热流密度偏离实际值[189]。为保证热电偶常数最小原则，从式（2-5）可知，可以减小热电偶的体积表面比（V/A）（热电偶与被测量介质间的换热系数 h 不应该一味追求最大值，因为过大的 h 会导致热电偶安装点外部热阻远小于热电偶内部热阻，这样焊接点温度不均匀会影响测量温度，反而会影响测量的准确性[182]）。

2.2.2 连铸结晶器钢液初始凝固热模拟装置热电偶安装

基于以上讨论，连铸结晶器钢液初始凝固热模拟装置选用 OMG T-type grounded 热电偶，热电偶直径 0.5 mm。如图 2-8 所示，从结晶器侧面钻水平的热电偶安装孔到结晶器热面中心线，孔平行于结晶器热面以降低孔对温度场的影响。第一排热电偶安装孔距离结晶器热面 3 mm，第二排热电偶安装孔距离结晶器热面 8 mm。热电偶和结晶器之间使用导热胶焊接（3.8 W/(m · K)，Omega OB 400)，热电偶的测量误差的标准差为±0.8 K（误差的标准偏差 σ = 最大测量温度值（摄氏度）的 0.75%）。

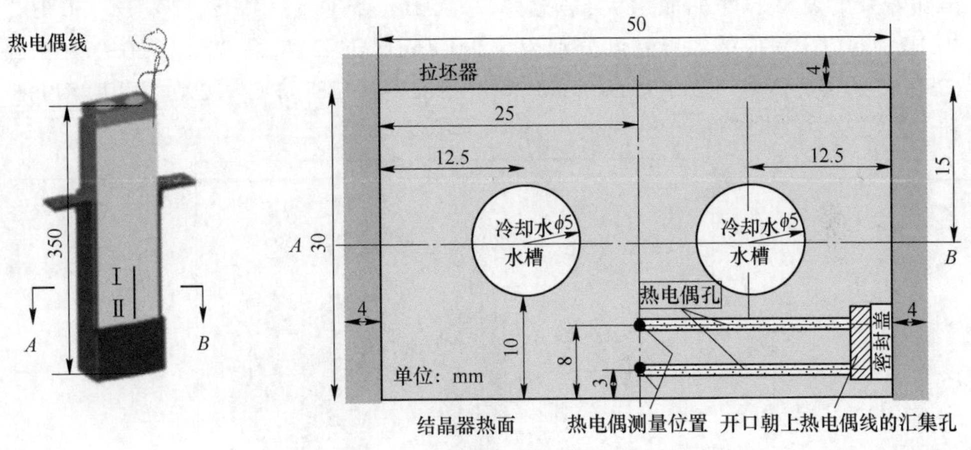

图 2-8 结晶器横截面图

这样安装的热电偶不仅可以测量到结晶器热面温度变化信号，也可以捕捉到结晶器冷却水槽内对流换热导致的结晶器温度的微小变化，从而为反演结晶器温度变化提供高质量的温度数据。图 2-1 中的热电偶安装位置和个数，参考了 Badri 的实验研究成果[176]，并采用了传热反问题数学模型来优化热电偶安装位置和个数[184,187]。本章介绍的热电偶位置和个数的选取，是基于接下来介绍的二维瞬态热传导反问题 2D-IHCP 计算要求设定的。图 2-1 中第一排热电偶测量的温度，将会用来构造反问题的目标函数；第二排热电偶测量的温度，将会作为第一类边界条件（温度边界条件）使用，以代替采用经验公式来计算冷却水槽内的对流换热的 Nusselt 准数进而计算对流换热系数。

2.3　温度采集和温度噪声过滤

2.3.1　温度采集

采用NI公司的数据采集卡（32位16通道）和其相配套的软件采集并存储热电偶测量的温度，采集卡每个通道具备200 kHz的采样速率；因此提高快速测温系统采样速率的限制环节不是采集卡的速率而是热电偶常数。T型铠装热电偶（直径0.5 mm）厂家提供的热电偶常数出厂值通常不具备工业使用价值因为其大小是在沸水中测量的；实际使用时热电偶常数要比厂家的值大，因此Omega公司建议热电偶常数需要在出厂值的基础上乘以1.5[190]。根据Badri的安装及测试方法，本书使用的连铸结晶器钢液初始凝固热模拟装置温度采集系统，具备的最高采样速率f_s可达100 Hz。热电偶快速采集温度的过程中不可避免地会产生噪声干扰。如图2-9所示，室内温度环境下，结晶器内热电偶快速采集温度中含有的噪声随着采集频率的增加而增大，采集频率1 Hz、5 Hz、10 Hz、20 Hz、30 Hz、40 Hz和60 Hz对应的温度精度分别为（290.15±0.0892）K、（290.15±0.0746）K、（290.15±0.0754）K、（290.15±0.4850）K、（290.15±0.3875）K、（290.15±0.3879）K和（290.15±0.3828）K。

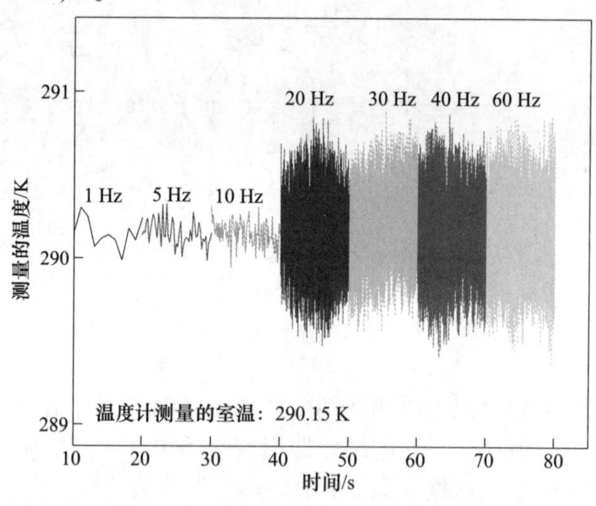

图2-9　不同采样速率下测量的室温

2.3.2　温度采样速率

连铸结晶器弯月面处发生着复杂、高温、多相、瞬时的"三传一反"过程（传热、传质、传动量和化学反应），凝固过程伴随着快速的温度和热流密度变化。如果温度采样率过低，温度数据可能无法捕捉到结晶器内的温度变化范围。这是因为高频温度变化会被错误地表示为数据中的低频成分，导致热流密度估计不准确。为了测量不同时间尺度和频率发生的凝固现象，Shannon 采样定理[166]规定采样频率f_s必须大于奈奎斯特频率（$2f_h$），即$f_s \geqslant 2f_h$（其中f_h是信号的最高频率）。当采样频率设置不满足采样定理，即采样频率少于 2 倍的信号频率时，会导致原本的高频信号被采样成低频信号，采样后信号的频率会发生混叠，即高于奈奎斯特频率的频率成分将被重构成低于奈奎斯特频率的频率成分。此外，快速傅里叶变换要求处理的数据块包含的数据点为2^N个，而计算机也只能用 0 和 1 来存储数据，因此，计算机处理数据时，如果点数是2^N个会更快捷些。由于内存一个字节包含 8 比特，可表示$256=2^8$个信息，因此，离 2 最近的 2.56 便成了一个重要的“优先数”。也就是说为了高效处理数据，当采样频率高于关心的最高频率的 2.56 倍时，关心的最高频率以内的带宽也是无混叠的。基于以上两个方面的原因，为研究与结晶器振动相关的凝固现象，f_h取值等于结晶器振动频率f_m，建议结晶器温度采样频率为 2.56 倍的结晶器振动频率，即$f_s=2.56f_m$。

然而，如果按 2.56 倍设置采样频率，虽然频率没有混叠，但可能信号的幅值还存在失真。以频率为 1 Hz，幅值为 1 的正弦信号为例来说明。如图 2-10 所示，假设采样率为 100 Hz（信号频率的 100 倍）采集到的正弦信号幅值为 0.9999，信号幅值是几乎没有失真。当采样频率 3 倍于信号频率时，采集到的正弦信号幅值为 0.8660；当 5 倍于信号频率时，采集到的正弦信号幅值为 0.9510，当 10 倍于信号频率时，采集到的信号幅值为 0.9898。因此，如果关心信号的幅值（时域），那样，采样频率应设置成关心的最高频率的 10 倍以上，才不会使信号幅值有明显的失真。

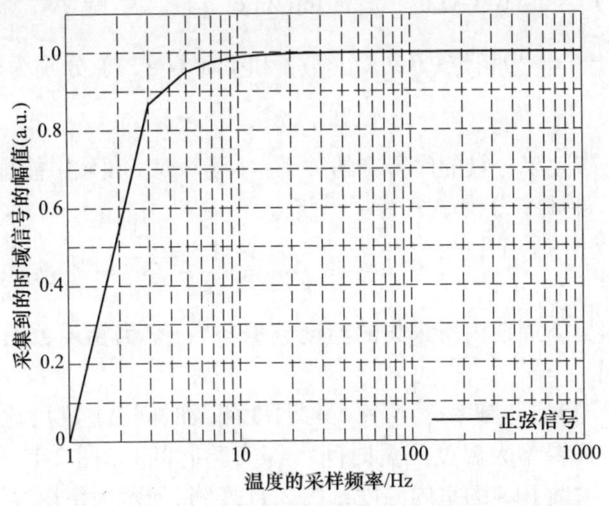

图 2-10 采集到的时域信号的幅值与采样频率的关系

综上所述，弯月面附近的凝固现象是由许多不同频率的凝固现象组合而成的，但是目前研究还不能完全确定这些凝固信号频率的多少，以及它们对应着哪些凝固现象；为了不会使信号的频率和幅值有明显的失真，建议温度采集过程中采样频率满足：$f_s \geqslant 10f_m$。

2.4 频域分析

2.4.1 傅里叶变换

实验过程中得到温度和热流密度数据中（时域信息），包含有许多凝固现象的信息，这些凝固现象发生的周期、频率和相位具有随机性和不确定性。通过离散型傅里叶变换，把时域信息转换成频域信息，这样可以用一个新的角度来分析结晶器内的初始凝固现象。把钢液液面和液渣层附近、不同高度上通过结晶器热面某一位置的热流密度（温度）数据，看成长度为 N 的有限长序列，记为 $x(n)$。由于结晶器内传递的热流密度（温度）是自然界存在的现象，$x(n)$ 的能量和功率都是有限的，存在傅里叶变换[191-192]：

$$X(e^{j\omega}) = \mathrm{DFT}[x(n)] = \sum_{n=0}^{N-1} x(n)e^{-j\omega n} \tag{2-6}$$

式中，n 为正整数，DFT 为离散时间傅里叶变换，$\omega=2\pi k/N$ 为角频率，$k(k=0, 1, 2, \cdots, N-1)$ 为各次简谐波分量的波数；$j=\sqrt{-1}$。

根据定义，$X(e^{j\omega})$ 为复数函数，可以写成幅度和相位的形式：

$$X(e^{j\omega}) = |X(e^{j\omega})| e^{j\arg(x(e^{j\omega}))} \tag{2-7}$$

式中，$|X(e^{j\omega})| = \sqrt{\mathrm{Re}(X(e^{j\omega}))^2 + \mathrm{Im}(X(e^{j\omega}))^2}$ 为幅度，$\arg(X(e^{j\omega})) = \arctan\left[\dfrac{\mathrm{Im}(X(e^{j\omega}))}{\mathrm{Re}(X(e^{j\omega}))}\right]$ 为相位；$\mathrm{Re}(X(e^{j\omega}))$ 和 $\mathrm{Im}(X(e^{j\omega}))$ 分别为 $X(e^{j\omega})$ 的实部和虚部。

模拟频率 f 与频率分量的序号 k 的关系：$f=f_s k/N$。频域中能分辨两个频率分量的最小间隔，即频率分辨率 F 为：

$$F = \frac{f_s}{N} = \frac{f_s}{f_s \Delta\tau} = \frac{1}{\Delta\tau} \tag{2-8}$$

式中，N 为数据更新周期内所采集的温度数据个数；f_s 为温度数据采集频率；$\Delta\tau$ 为温度测量时间。

从式（2-8）得出，频率分辨率 F 与温度测量时间 $\Delta\tau$ 成反比。为增加频谱分析的分辨率，需要增大温度测量时间（即实验时间）。图 2-11（a）所示为以采集速率 60 Hz 测量 10 s 的室内温度，图 2-11（b）所示为室内温度的频域显示。由于采集速率 60 Hz，因此图 2-11（a）中数据仅含有发生频率在 0~30 Hz 的温度信息。由于温度测量时间持续 10 s，根据式（2-8）计算，频谱图的频率分辨率为 0. 1 Hz。频域图中，在 10 Hz 和 30 Hz 处分别有两个峰值信号，它们分别对应着温度数据中的噪声信号。

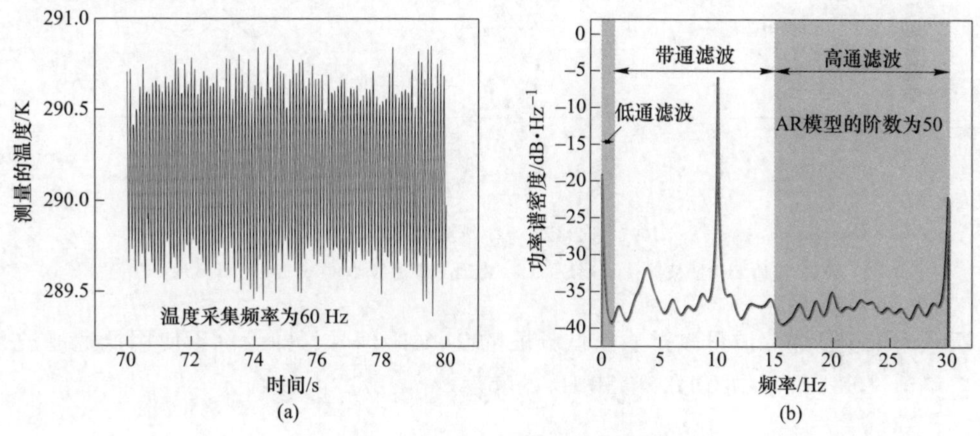

图 2-11 测量时域温度及其频域信号

（a）时域显示；（b）频域显示

2. 4. 2 信号提取

根据温度的频谱图，可以很方便地分析温度数据的组成（噪声和真实信号）。使用高通滤波可以过滤出高频率段的 15~30 Hz 信号（见图 2-12（a））；使用带通滤波可以过滤出指定频率段的 1~15 Hz 信号（见图 2-12（b））；图 2-12（c）

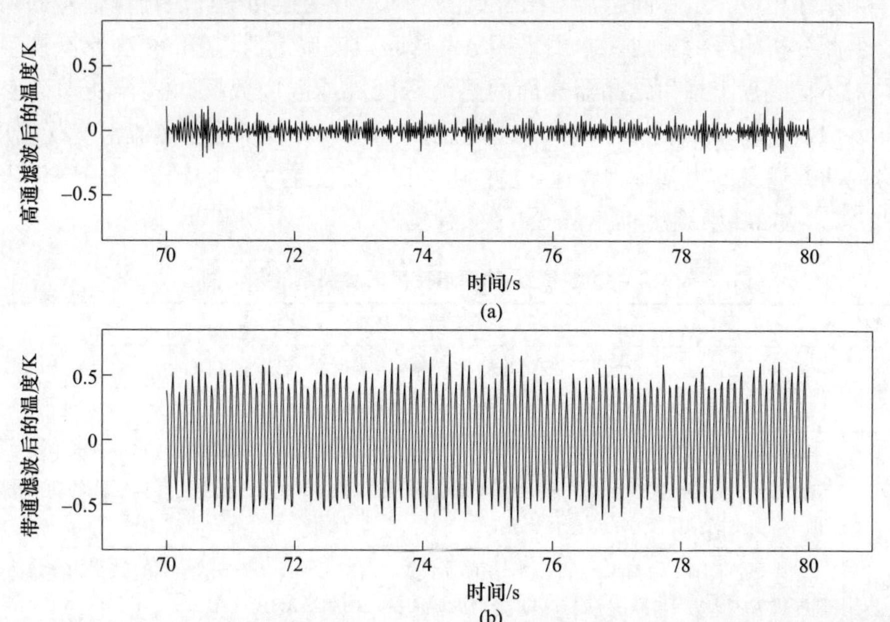

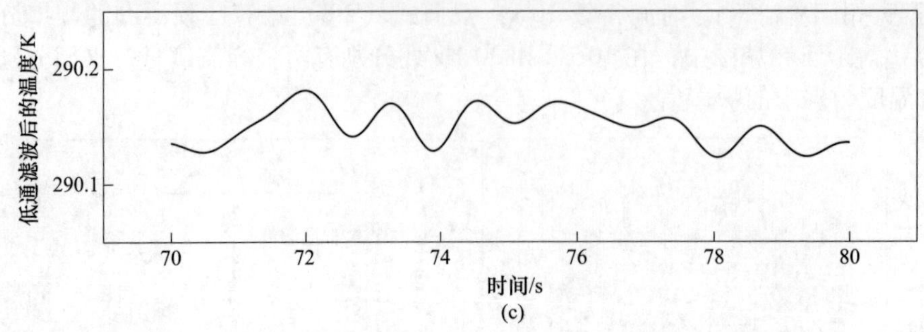

图 2-12　温度数据提取

(a) 15~30 Hz 高通 FFT 滤波器；(b) 1~15 Hz 带通 FFT 滤波器；(c) 0~1 Hz 低通 FFT 滤波器

所示为采用低通滤波可以过滤出低频段的 0~1 Hz信号，即等价于使用低通滤波粗略地过滤了温度中 10 Hz 和 30 Hz 的噪声。

2.4.3　功率谱密度（PSD）计算

频谱分析时，通常幅值谱适合分析周期性好的信号，此时宜用快速傅里叶变换（fast fourier transform，FFT）分析频谱，可以得到与测试时间、采样频率无关的频谱幅值等。但是对于随机信号，由于其分量的幅值和相位不可预测，不宜使用 FFT。实验测量的温度和热流密度数据中，其组分信号的发生周期、频率和相位具有随机性和不确定性；随机信号常常趋于正态分布，为分析信号各组分的周期、频率和相位，工程问题常常结合离散型傅里叶变换和统计法计算信号的功率谱，由此分析信号的组成。本书采用 AR 自回归模型[191-192]（Burg 法计算模型参数）对不同高度上通过结晶器热面的热流密度（或温度数据）进行功率谱密度计算。AR 模型计算信号功率谱的步骤见附录 A。以计算结晶器热流密度（温度）信号的功率谱密度为基础，频谱-位置-功率谱密度三者关系的频谱图的制作步骤见表 2-2。表 2-2 中算法通过 Matlab™编程实现。

表 2-2　频谱-位置-功率谱密度三者关系的频谱图

步骤	执　行
1	把某一位置的输入长度为 N 的结晶器热流密度（温度），记为信号 $x(n)$
2	参见附录 A 计算结晶器热流密度（温度）信号的功率谱密度
3	依次计算结晶器热面其他位置（见图 2-1 中结晶器的热面 AB，采用空间离散的方法把结晶器热面划分成许多个离散点，离散点之间空间步长取 0.1~1 mm）热流密度（温度）的功率谱密度，得到不同位置信号的功率谱密度
4	令频率为 x 轴，沿着高度方向上的结晶器位置为 y 轴（见图 2-1 中结晶器的热面 AB），功率谱密度为 z 轴，作出频谱-位置-功率谱密度（温度）的频谱图

2.5　连铸结晶器钢液初始凝固热模拟装置技术路线

连铸结晶器钢液初始凝固热模拟装置研究钢水在连铸结晶器内的初始凝固的技术路线如图 2-13 所示。首先，测量不同连铸工艺（拉坯速度、钢液的浇铸温度、结晶器振动频率和振幅）条件下的结晶器温度，使用低通道 FFT 滤波器过滤温度数据中的噪声信号；把温度数据代入二维非稳态热传导反问题数学模型（2D-IHCP，详细说明在第 3 章），反演出通过结晶器热面的热流数据和结晶器温度。其次，分析坯壳的表面形貌、厚度、振痕、裂纹、皮下夹杂物，分析结晶器/坯壳之间渗入保护渣的晶相分布及渣膜厚度。最后，建立连铸过程结晶器温度、热流密度、铸坯表面形貌、坯壳厚度、结晶器液面波动和结晶器/铸坯间保护渣渗入的关系模型，以及分析结晶器/坯壳间保护渣渗入润滑与结晶情况。

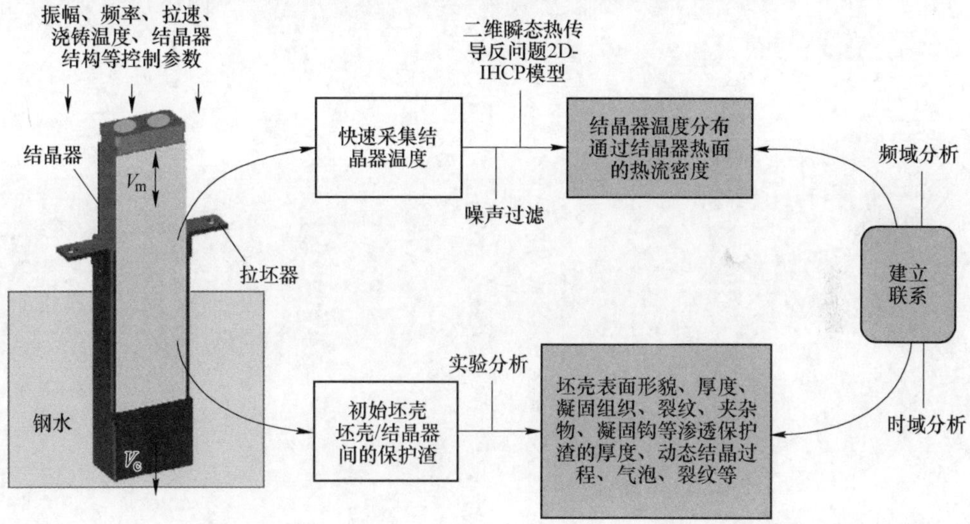

图 2-13　连铸结晶器钢液初始凝固热模拟装置研究结晶器内初始凝固现象的技术路线

与上面连铸参数的优化和评估类似，结晶器的锥度、角部，以及漏斗形结晶器内腔形貌的设计过程为：（1）计算机数值仿真对结晶器内腔形状进行优化。（2）把仿真得到的最佳内腔形状做成连铸结晶器钢液初始凝固热模拟装置的结晶器（见图 2-14）。（3）通过结晶器钢液初始凝固热模拟技术在实验室对设计的结晶器的连铸效果进行测试，若铸坯表面质量更好（表面振痕深度，结晶器出口处铸坯角部温度是否为目标温度，此目标温度由连铸二冷区冷却情况和铸坯矫直温度要求来确定），则认为倒角与内腔优化具有成效。（4）按照几何相似原理把被连铸结晶器钢液初始凝固热模拟装置实验验证有效的结晶器做成真实连铸结晶器，应用于连铸实际。

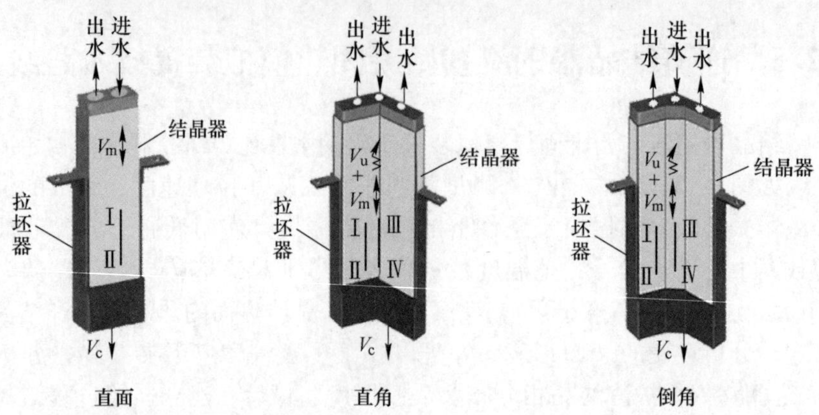

图 2-14　结晶器钢液初始凝固热模拟装置结晶器角部形状和锥度的模拟技术

3 结晶器温度场的传热反问题：共轭梯度

针对连铸结晶器钢液初始凝固热模拟装置的快速温度测量的特点，为了把测量的温度数据转换成通过结晶器热面的热流密度和结晶器温度场。首先，在传热数学模型的基础上，构造二维瞬态传热反问题模型（2D-IHCP）连接传热数学模型和实验数据；其次，采用共轭梯度法求解反问题，并以此开发了2D-IHCP结晶器传热反问题计算软件；再次，设计数值测试实验来验证2D-IHCP反演计算区域的温度和边界热流密度的可靠性，并且把2D-IHCP计算的结果与成熟的、工程上广泛运用的Beck的一维传热反问题（Beck的1D-IHCP）计算的进行比较，进一步分析了2D-IHCP的适用性；最后，使用2D-IHCP成功反演出一次典型的连铸结晶器钢液初始凝固热模拟装置运行时结晶器的传热过程。

3.1 传热正问题数学模型

如图3-1（a）所示，二维瞬态传导传热反问题计算区域Ω，其为四边形$ABCD$高AB为H，宽BC为d_2。如图3-1（b）所示，计算区域Ω有四个边界：$\partial\Omega_1$，$\partial\Omega_2$，$\partial\Omega_3$和$\partial\Omega_4$。模型假设：由于热电偶的安装面是垂直于结晶器热面的纵向截面，其位置处于结晶器中间位置，且结晶器与拉坯器之间存在气隙（约0.8 mm），因此假设热电偶的安装面$ABCD$为二维传热。

水冷结晶器壁内安装了2排距离结晶器热面深度不同的T型热电偶，其中第一排热电偶离结晶器热面距离为d_1，第二排热电偶距离结晶器热面距离为d_2($d_1<d_2$)。第一排热电偶（M_i根热电偶）允许在计算区域$ABCD$内随机分布，但是为了保证反演结晶器热面（$\partial\Omega_2$）温度的精确性，热电偶安装位置应该尽可能地靠近结晶器热面[184]。第一排热电偶测量的计算区域温度，将会用来构造传热反问题的目标泛函，即用来构造反问题的目标函数。除了在计算区域Ω内M_i个热电偶外，在边界$\partial\Omega_1$(AD)和边界$\partial\Omega_3$(BC)分别有M_1和M_3个热电偶，同样它们测量的温度值将会用来构造反问题泛函（目标函数）。第二排热电偶在边界$\partial\Omega_4$上，有M_4根热电偶。边界$\partial\Omega_4$上的热电偶测量的温度，作为第一类传热数学模型的边界条件（温度边界条件）来使用，记为$f(\partial\Omega_4, t)$。边界$\partial\Omega_4$上没有热电偶的地方的温度由相邻位置的热电偶的温度采用线性插法计算得到。与采用经验公式计算结晶器水槽中冷却水对流换热的Nusselt准数进而计算对流换热系数的方法比

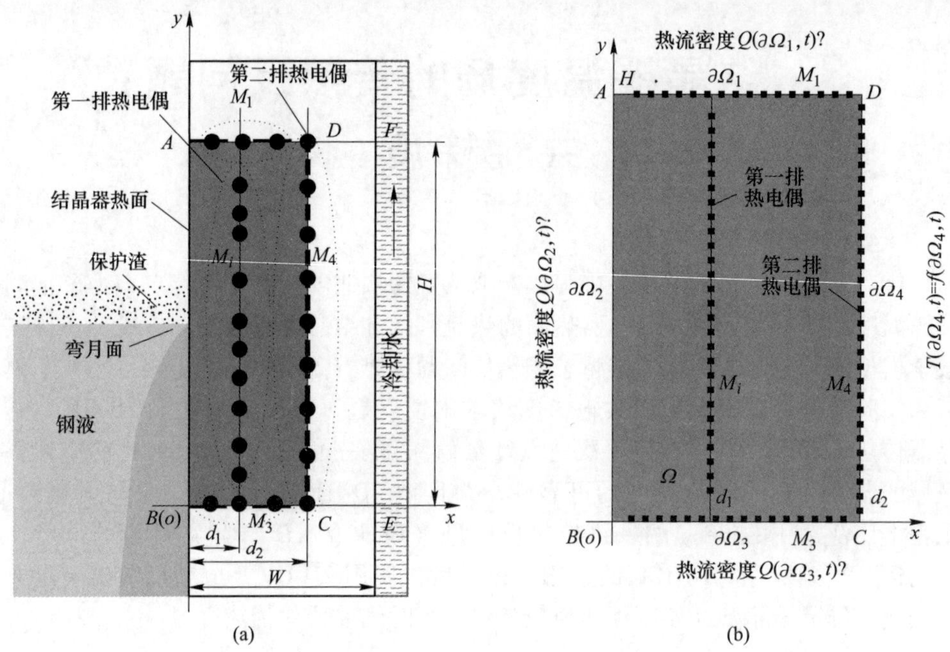

图 3-1　结晶器内计算区域

（a）计算区域（黑色圆点表示热电偶位置）；（b）反问题计算区域及其边界条件

较，这样边界$\partial\Omega_4$温度边界条件的处理方法更好；因为结晶器冷却水管中，冷却水处于湍流流动状态，水流动速度一直处于波动状态，很难计算出实时的对流换热系数。

已知边界$\partial\Omega_1$，$\partial\Omega_2$和$\partial\Omega_3$上的热流密度边界条件$Q(\partial\Omega_1,t)$，$Q(\partial\Omega_2,t)$，$Q(\partial\Omega_3,t)$，和边界$\partial\Omega_4$的温度边界条件$f(\partial\Omega_4,t)$，以及结晶器壁的初始温度T_{ini}（采用室温）时，可以通过求解热传导偏微分方程计算出 $ABCD$ 四边形区域 $\Omega=\{(x,y)\mid 0<x<d_2,\ 0<y<H\}$ 的温度场。正问题的数学控制方程为：

$$c\rho\frac{\partial T}{\partial t}=\frac{\partial}{\partial x}\left(k\frac{\partial T}{\partial x}\right)+\frac{\partial}{\partial y}\left(k\frac{\partial T}{\partial y}\right),(x,y)\in\Omega,t\in[t_1,t_2] \tag{3-1}$$

在边界$\partial\Omega_1$时

$$k\frac{\partial T}{\partial y}=Q(\partial\Omega_1,t) \tag{3-2}$$

在边界$\partial\Omega_2$时

$$-k\frac{\partial T}{\partial x}=Q(\partial\Omega_2,t) \tag{3-3}$$

在边界$\partial\Omega_3$时

$$-k\frac{\partial T}{\partial y}=Q(\partial\Omega_3,t) \tag{3-4}$$

在边界$\partial\Omega_4$时

$$T(x,y,t)=f(\partial\Omega_4,t) \tag{3-5}$$

当$t=t_1$时

$$T(x,y,t)=T_{ini} \tag{3-6}$$

式中，$\partial\Omega_1=\{(x,y)\mid 0\leqslant x\leqslant d_2,\ y=H\}$；$\partial\Omega_2=\{(x,y)\mid x=0,\ 0\leqslant y\leqslant H\}$；$\partial\Omega_3=\{(x,y)\mid 0\leqslant x\leqslant d_2,\ y=0\}$；$\partial\Omega_4=\{(x,y)\mid x=d_2,\ 0\leqslant y\leqslant H\}$；$f(\partial\Omega_4,\ t)$ 为边界 $\partial\Omega_4$ 在 t 时刻的温度。

3.2 传热反问题的构造

预备知识：泛函是指函数的函数；如果对某一类函数中的每一个函数 y，Π 都有值与之对应，则变量 Π 叫作依赖函数 y 的泛函，记为 $\Pi=\Pi(y)$。函数的任一微小变化 δy 称为函数 y 的变分，即函数 y 无限接近 $y+\delta y$：

$$y \approx y+\delta y \tag{3-7}$$

对于函数 y 的任一变分 δy，若连续泛函 Π 都有一个微小变化的 $\delta\Pi$ 与之对应，则泛函具有变分，$\delta\Pi$ 称为泛函 Π 的变分，其表达式为：

$$\delta\Pi=\Pi(y+\delta y)-\Pi(y) \tag{3-8}$$

如果具有变分的泛函 Π 在 $y=y_1$ 上达到极大值/极小值；则 y 取 y_1 时，泛函变分 $\delta\Pi=0$。因此可以根据 $\delta\Pi=0$，去寻找 y_1 使得泛函 Π 达到极大值/极小值。

依据泛函分析原理，基于 2-范数（即最小二乘法）构造传热反问题。通过寻找一组 $Q(\partial\Omega_1,\ t)$，$Q(\partial\Omega_2,\ t)$ 和 $Q(\partial\Omega_3,\ t)$，代入正问题式（3-1）~式（3-6）中，使得正问题计算得到的温度值与当地测量的温度值偏差平方和最小化。因此求解 $Q(\partial\Omega_1,\ t)$，$Q(\partial\Omega_2,\ t)$ 和 $Q(\partial\Omega_3,\ t)$ 过程变成寻找一组适宜（可接受范围）的函数，使其逼近真实的边界条件，使得依赖函数 $Q(\partial\Omega_1,\ t)$，$Q(\partial\Omega_2,\ t)$ 和 $Q(\partial\Omega_3,\ t)$ 的泛函 s 取极小值（根据需求不一定取全局最小值）。反问题的目标函数，即泛函 s 为：

$$s[Q(\partial\Omega_{1,2,3},t)]=\sum_{m=1}^{M}\int_{t_1}^{t_2}\{Y_m-T_m[t;Q(\partial\Omega_{1,2,3},t)]\}^2\mathrm{d}t \tag{3-9}$$

式中，Y_m、$T_m[t;\ Q(\partial\Omega_{1,2,3},\ t)]$ 分别为热电偶所在位置（x_m，y_m）处热电偶测量的温度值和正问题求解得到的温度值；M 为计算区域内的热电偶数目 M_i，边界 $\partial\Omega_1$ 上的热电偶数目 M_1 和边界 $\partial\Omega_3$ 上的热电偶数目 M_3 的总和；$Q(\partial\Omega_{1,2,3},\ t)$ 为 $\partial\Omega_1$，$\partial\Omega_2$ 和 $\partial\Omega_3$ 的热流密度，即为 $Q(\partial\Omega_{1,2,3},\ t)=Q(\partial\Omega_1,\ t)\cup Q(\partial\Omega_2,\ t)\cup Q(\partial\Omega_3,\ t)$。

由于缺乏与热流密度 $Q(\partial\Omega_1,\ t)$，$Q(\partial\Omega_2,\ t)$ 和 $Q(\partial\Omega_3,\ t)$ 相关的先验（*prior*）的函数信息，因此这里不假设它们具体的函数形式。采用有限差分法求解正问题，假设计算区域 $ABCD$ 离散成 $n_x\times n_y$ 个网格点（AB 上有 n_y 个离散点，BC 有 n_x 个离散点），时间段［t_1，t_2］内离散成 n_t 等分。于是，$Q(\partial\Omega_2,\ t)$ 具有 $n_y\times n_t$ 个分量，$Q(\partial\Omega_1,\ t)$ 和 $Q(\partial\Omega_3,\ t)$ 分别具有 $n_x\times n_t$ 个分量；因此，目标泛函式（3-9）具有（$2n_x+n_y$）$\times n_t$ 个分量（即自由度、变量）。

3.3 共轭梯度法求解反问题

反问题的求解方法可分为梯度的方法（最速下降法，L-M 阻尼最小二乘法，共轭梯度，拟牛顿法，吉洪诺夫（Tikhnov）正则法等）和随机算法（粒子群优化（particle swarm），模糊推理（fuzzy inference），神经网络（neural network），遗传算法（genetic algorithm））。按使用测量数据时间域划分，反问题的求解方法有全时域 whole time 法和局部时间法。本章采用全时域法，并使用共轭梯度法求解反问题，即使得目标泛函式（3-9）最小化；其过程是第一次假设一组初始的热流密度 $Q^i(\partial\Omega_j,\ t)(j=1\sim3)$，计算目标泛函 s 大小，在此基础上寻找另一组热流密度 $Q^{i+1}(\partial\Omega_j,\ t)$，其满足 $s[Q^{i+1}(\partial\Omega_j,\ t)]<s[Q^i(\partial\Omega_j,\ t)]$；依次寻找下去，直至目标泛函 s 最小化；泛函 s 最小化时热电偶处计算的温度逼近测量温度，边界热流密度也逼近真实热流密度。基于一定搜索步长 β_j^i 和搜索方向的反问题热流密度更新算子（公式）如下：

$$Q^{i+1}(\partial\Omega_j,t)=Q^i(\partial\Omega_j,t)-\beta_j^i d^i(\partial\Omega_j,t),j=1,2,3 \tag{3-10}$$

式中，上标 $i(i=1,\ 2,\ 3,\ \cdots)$ 表示第 i 次迭代，搜索方向 $d^i(\partial\Omega_j,\ t)$ 可以表示为：

$$d^i(\partial\Omega_j,t)=\nabla s[Q^i(\partial\Omega_j,t)]+\gamma_j^i d^{i-1}(\partial\Omega_j,t) \tag{3-11}$$

式中，γ_j^i 为共轭系数，这里采用复合的 Hestenes-Stiefel（HS）和 Dai-Yuan method（DY）[193]计算方法计算共轭系数：

$$\gamma_{j,\mathrm{DY}}^i=\frac{\int_{t_1}^{t_2}\int_{\Omega_j}\{\nabla s[Q^i(\partial\Omega_j,t)]\}^2\mathrm{d}\Omega_j\mathrm{d}t}{\int_{t_1}^{t_2}\int_{\Omega_j}d^{i-1}(\partial\Omega_j,t)\{\nabla s[Q^i(\partial\Omega_j,t)]-\nabla s[Q^{i-1}(\partial\Omega_j,t)]\}\mathrm{d}\Omega_j\mathrm{d}t} \tag{3-12}$$

$$\gamma_{j,\mathrm{HS}}^i=\frac{\int_{t_1}^{t_2}\int_{\Omega_j}\nabla s[Q^i(\partial\Omega_j,t)]\{\nabla s[Q^i(\partial\Omega_j,t)]-\nabla s[Q^{i-1}(\partial\Omega_j,t)]\}\mathrm{d}\Omega_j\mathrm{d}t}{\int_{t_1}^{t_2}\int_{\Omega_j}d^{i-1}(\partial\Omega_j,t)\{\nabla s[Q^i(\partial\Omega_j,t)]-\nabla s[Q^{i-1}(\partial\Omega_j,t)]\}\mathrm{d}\Omega_j\mathrm{d}t} \tag{3-13}$$

$$\gamma_j^i=\max(0,\gamma_{j,\mathrm{DY}}^i,\gamma_{j,\mathrm{HS}}^i)(\text{当 } i=1 \text{ 时},\gamma_j^i=0) \tag{3-14}$$

式中，$\nabla s[Q^{i-1}(\partial\Omega_j,\ t)]$ 为目标泛函 s 的梯度，其值需要通过构建伴随问题求解得到。搜索步长：第 i+1 次迭代时目标泛函 s 为：

$$s[Q^{i+1}(\partial\Omega_{1,2,3},t)]=\sum_{m=1}^{M}\int_{t_1}^{t_2}\{Y_m-T_m^i[t;Q^{i+1}(\partial\Omega_{1,2,3},t)]\}^2\mathrm{d}t \tag{3-15}$$

将式（3-5）代入 $T_m^i[t;\ Q^{i+1}(\partial\Omega_{1,\ 2,\ 3},\ t)]$ 中，同时展开其 Taylor 级数到一阶，接着把展开的一阶 Taylor 级数代入式（3-8）中，然后假设 $d^i(\partial\Omega_j,\ t)$ 等于 $\Delta Q^i(\partial\Omega_j,\ t)$，则可以得到如下表达式[184]：

$$s[Q^{i+1}(\partial\Omega_{1,2,3},t)] = \sum_{m=1}^{M}\int_{t_1}^{t_2}\{Y_m - T_m^i[t;Q^i(\partial\Omega_{1,2,3},t)] + \sum_{j=1}^{3}\beta_j^i \Delta T_{j,m}^i\}^2 \mathrm{d}t \tag{3-16}$$

本书采用精确线性搜索法[184]来确定搜索步长 $\beta_j^i(j = 1, 2, 3)$。目标泛函 s 为关于搜索步长的函数，式（3-16）对搜索步长 $\beta_j^i(j = 1, 2, 3)$ 进行求导，然后令导数等于零时目标泛函 s 取到极小值；由此，可以得到一组矩阵方程来求解搜索步长 β_j^i：

$$\sum_{m=1}^{M}\int_{t_1}^{t_2}\begin{bmatrix}(\Delta T_{1,m}^i)^2 & \Delta T_{1,m}^i\Delta T_{2,m}^i & \Delta T_{1,m}^i\Delta T_{3,m}^i \\ \Delta T_{2,m}^i\Delta T_{1,m}^i & (\Delta T_{2,m}^i)^2 & \Delta T_{2,m}^i\Delta T_{3,m}^i \\ \Delta T_{3,m}^i\Delta T_{1,m}^i & \Delta T_{3,m}^i\Delta T_{2,m}^i & (\Delta T_{3,m}^i)^2\end{bmatrix}\begin{bmatrix}\beta_1^i \\ \beta_2^i \\ \beta_3^i\end{bmatrix}\mathrm{d}t = \sum_{m=1}^{M}\int_{t_1}^{t_2}\begin{bmatrix}(T_m^i - Y_m^i)\Delta T_{1,m}^i \\ (T_m^i - Y_m^i)\Delta T_{2,m}^i \\ (T_m^i - Y_m^i)\Delta T_{3,m}^i\end{bmatrix}\mathrm{d}t \tag{3-17}$$

式中，$\Delta T_{j,m}^i$（j=1~3），为热电偶测量位置（x_m，y_m）处的灵敏度值，灵敏度可以由求解灵敏度问题得到。

3.3.1　灵敏度问题

正问题中热流密度函数 $Q(\partial\Omega_j, t)$ 发生微小的波动 $\Delta Q(\partial\Omega_j, t)$ 时，温度 $T(x, y, t)$ 也会发生微小的波动 $\Delta T(x, y, t)$。首先，$T(x, y, t) + \Delta T(x, y, t)$ 代替 $T(x, y, t)$，$Q(\partial\Omega_j, t) + \Delta Q(\partial\Omega_j, t)$ 代替 $Q(\partial\Omega_j, t)$，把两者代入正问题偏微分方程式（3-1）~式（3-6）中，得到一个新的关于初边界问题的偏微分方程组；其次，用这组方程减去正问题偏微分方程，可以得到下面的灵敏度偏微分方程：

$$\rho c\frac{\partial\Delta T}{\partial t} = \frac{\partial}{\partial x}\left(k\frac{\partial\Delta T}{\partial x}\right) + \frac{\partial}{\partial y}\left(k\frac{\partial\Delta T}{\partial y}\right) \qquad (x,y)\in\Omega, t\in(t_1,t_2] \tag{3-18}$$

在边界$\partial\Omega_1$时　$$k\frac{\partial\Delta T}{\partial y} = \Delta Q(\partial\Omega_1,t) \tag{3-19}$$

在边界$\partial\Omega_2$时　$$-k\frac{\partial\Delta T}{\partial x} = \Delta Q(\partial\Omega_2,t) \tag{3-20}$$

在边界$\partial\Omega_3$时　$$-k\frac{\partial\Delta T}{\partial y} = \Delta Q(\partial\Omega_3,t) \tag{3-21}$$

在边界$\partial\Omega_4$时　$$\Delta T(x,y,t) = 0 \tag{3-22}$$

当 $t=t_1$时　$$\Delta T(x,y,t) = 0 \tag{3-23}$$

式中，$\Delta T_{j,m}^i(j = 1 \sim 3)$ 为热电偶测量位置（x_m，y_m）处的灵敏度值，其值通过以下设置后，求解得到灵敏度：

（1）令 $\Delta Q(\partial\Omega_1, t)= d^i(\partial\Omega_1, t)$ 和 $\Delta Q(\partial\Omega_2, t)= \Delta Q(\partial\Omega_3, t)= 0$ 解灵敏度问题得到 $\Delta T_{1,m}^i$；

（2）令 $\Delta Q(\partial\Omega_2, t)= d^i(\partial\Omega_2, t)$ 和 $\Delta Q(\partial\Omega_1, t)= \Delta Q(\partial\Omega_3, t)= 0$ 解灵敏

度问题得到 $\Delta T_{2,m}^{i}$；

（3）令 $\Delta Q(\partial\Omega_3,\ t)=d^i(\partial\Omega_3,\ t)$ 和 $\Delta Q(\partial\Omega_1,\ t)=\Delta Q(\partial\Omega_2,\ t)=0$ 解灵敏度问题得到 $\Delta T_{3,m}^{i}$。

3.3.2　伴随问题

采用 Lagrange 乘子法和摄动法构造伴随问题，以此计算目标泛函的式（3-9）的梯度。将 Lagrange 乘子 $\lambda(x,\ y,\ t)$ 乘以正问题式（3-1），然后对其进行时间和空间上的积分，把积分结果加到目标泛函式（3-9）后面，得到：

$$
\begin{aligned}
s[Q(\partial\Omega_j,t)] = & \sum_{m=1}^{M_i}\int_{t_1}^{t_2}\int_{\Omega}\{Y_m - T_m[Q(\partial\Omega_j,t)]\}^2\delta(x-x_m)\delta(y-y_m)\mathrm{d}\Omega\mathrm{d}t + \\
& \sum_{m=1}^{M_1}\int_{t_1}^{t_2}\int_{\Omega_1}\{Y_m - T_m[Q(\partial\Omega_j,t)]\}^2\delta(x-x_m)\delta(y-y_m)\mathrm{d}\Omega_1\mathrm{d}t + \\
& \sum_{m=1}^{M_3}\int_{t_1}^{t_2}\int_{\Omega_3}\{Y_m - T_m[Q(\partial\Omega_j,t)]\}^2\delta(x-x_m)\delta(y-y_m)\mathrm{d}\Omega_3\mathrm{d}t + \\
& \int_{t_1}^{t_2}\int_{\Omega}\lambda(x,y,t)\left[\frac{\partial}{\partial x}\left(k\frac{\partial T}{\partial x}\right)+\frac{\partial}{\partial y}\left(k\frac{\partial T}{\partial y}\right)-\rho c\frac{\partial T}{\partial t}\right]\mathrm{d}\Omega\mathrm{d}t
\end{aligned}
\tag{3-24}
$$

当寻找的函数 $Q(\partial\Omega_j,\ t)$ 发生很小的摄动变成 $Q(\partial\Omega_j,\ t)+\Delta Q(\partial\Omega_j,\ t)$，则温度也随着摄动由 $T(x,\ y,\ t)$ 变成 $T(x,\ y,\ t)+\Delta T(x,\ y,\ t)$，接着目标泛函也随着摄动由 $\Delta s[Q(\partial\Omega_j,\ t)]$ 变成 $s[Q(\partial\Omega_j,\ t)]+\Delta s[Q(\partial\Omega_j,\ t)]$。把摄动后的量代入式（3-24），然后把得到的表达式减去式（3-24）本身，忽略二阶项后得到：

$$
\begin{aligned}
\Delta s[Q(\partial\Omega_j,t)] = & \sum_{m=1}^{M_i}\int_{t_1}^{t_2}\int_{\Omega}2[T_m(Q(\partial\Omega_j,t)) - Y_m]\delta(x-x_m)\delta(y-y_m)\Delta T\mathrm{d}\Omega\mathrm{d}t \\
& \sum_{m=1}^{M_1}\int_{t_1}^{t_2}\int_{\Omega_1}2[T_m(Q(\partial\Omega_j,t)) - Y_m]\delta(x-x_m)\delta(y-y_m)\Delta T\mathrm{d}\Omega_1\mathrm{d}t + \\
& \sum_{m=1}^{M_3}\int_{t_1}^{t_2}\int_{\Omega_3}2[T_m(Q(\partial\Omega_j,t)) - Y_m]\delta(x-x_m)\delta(y-y_m)\Delta T\mathrm{d}\Omega_3\mathrm{d}t + \\
& \int_{t_1}^{t_2}\int_{\Omega}\lambda(x,y,t)\left[\frac{\partial}{\partial x}\left(k\frac{\partial \Delta T}{\partial x}\right)+\frac{\partial}{\partial y}\left(k\frac{\partial \Delta T}{\partial y}\right)-c\rho\frac{\partial \Delta T}{\partial t}\right]\mathrm{d}\Omega\mathrm{d}t
\end{aligned}
\tag{3-25}
$$

对式（3-25）进行部分积分，并把灵敏度问题式（3-18）~式（3-23）的边界条件代入积分，忽略积分项中含有的 ΔT 项[194]，得到伴随问题 $\lambda(x,\ y,\ t)$：

$$
\left[\frac{\partial}{\partial x}\left(k\frac{\partial \lambda}{\partial x}\right)+\frac{\partial}{\partial y}\left(k\frac{\partial \lambda}{\partial y}\right)\right]+\sum_{m=1}^{M_i}2[T_m(Q(\partial\Omega_j,t)) - Y_m]\delta(x-x_m)\delta(y-y_m)
$$

$$= -\rho c \frac{\partial \lambda}{\partial t}(x,y) \in \Omega, t \in (t_1, t_2] \tag{3-26}$$

在边界$\partial\Omega_1$时 $$k\frac{\partial \lambda}{\partial y} = \sum_{m=1}^{M_1} 2[T_m(Q(\partial\Omega_1,t)) - Y_m]\delta(x-x_m)\delta(y-y_m) \tag{3-27}$$

在边界$\partial\Omega_2$时 $$-k\frac{\partial \lambda}{\partial x} = 0 \tag{3-28}$$

在边界$\partial\Omega_3$时 $$-k\frac{\partial \lambda}{\partial y} = \sum_{m=1}^{M_3} 2[T_m(Q(\partial\Omega_3,t)) - Y_m]\delta(x-x_m)\delta(y-y_m) \tag{3-29}$$

在边界$\partial\Omega_4$时 $$\lambda(x,y,t) = 0 \tag{3-30}$$

当$t=t_2$时 $$\lambda(x,y,t) = 0 \tag{3-31}$$

式中，$\delta(x)$ 为 Dirac delta 函数（$x=0$，$\delta(x)=1$；$x \neq 0$，$\delta(x)=0$），(x_m, y_m) 表示热电偶所在位置。通过引入新的时间变量 $t'=t_2-t$，伴随问题可以转化成标准的初边界条件的抛物线型偏微分问题。

式（3-25）获得伴随问题的过程中，还剩余的一项为：

$$\Delta s[Q(\partial\Omega_j,t)] = \sum_{j}^{3}\int_{t_1}^{t_2}\int_{\Omega_j}\lambda(\partial\Omega_j,t)\Delta Q(\partial\Omega_j,t)\mathrm{d}\Omega_j\mathrm{d}t \tag{3-32}$$

同时 $\Delta s[Q(\partial\Omega_{1,2,3}, t)]$ 可以写成以下形式[184]：

$$\Delta s[Q(\partial\Omega_j,t)] = \sum_{j}^{3}\int_{t_1}^{t_2}\int_{\Omega_2}\nabla s[Q(\partial\Omega_j,t)]\Delta Q(\partial\Omega_j,t)\mathrm{d}\Omega_j\mathrm{d}t \tag{3-33}$$

对比式（3-32）和式（3-33），得到泛函的梯度 $\nabla s[Q(\partial\Omega_j, t)](j=1, 2, 3)$，即：

$$\nabla s[Q(\partial\Omega_j,t)] = \lambda(\partial\Omega_j,t) \quad j=1,2,3 \tag{3-34}$$

3.4 反问题模型的计算过程

3.4.1 收敛标准

假设热电偶温度测量没有误差，但由于数值方法求解偏微分方程不太可能是100%准确，多多少少存在一定数值误差，数值误差包括数值算法的舍入误差和截断误差，以及计算机二进制数和十进制数之间的转换误差。因此，迭代过程中目标函数不可能达到0，此时采用如下传统的收敛标准：

$$s[Q(\partial\Omega_{1,2,3},t)] \leqslant \varepsilon \tag{3-35}$$

式中，容差 ε 为一个指定的很小的数；ε 太大，反问题的解偏离真实值（与真实函数比较，反演出的解的局部变化细节不能反演出来）；ε 太小，反问题的解仍会偏离真实值（与真实函数比较，反演出的解的局部变化会过度放大）；因此过大和过小的 ε 会使得反演出的解都不够逼近真实解，ε 的选择以满足使得反问题的解达到可接受范围为准，本书 ε 取值为 5×10^{-3}。实际热电偶测量温度时都有一定的误差。温度数据中微小的波动，会导致反问题解在时间和空间上产生剧烈的波动[184]。根据以往共轭梯度法求解传热反问题的经验[184,195-198]，采用容差原理（discrepancy principle），假设计算温度和测量温度的残差 ε 与热电偶测量的误差处于同一数量级。即温度残差近似等于热电偶测量的误差：

$$|Y_m - T_m[t;Q(\partial\Omega_{1,2,3},t)]| \approx \sigma \tag{3-36}$$

式中，σ 为热电偶测量误差的标准偏差，把式（3-36）代入目标泛函式（3-9）得到一个具有统计意义的收敛标准，其容差 ε 为：

$$\varepsilon = M\sigma^2(t_2 - t_1) \tag{3-37}$$

3.4.2 算法计算过程

共轭梯度法结合伴随问题求解边界热流密度 $Q(\partial\Omega_j,\ t)$ 的步骤见表 3-1。2D-IHCP 算法采用 Matlab™来实现，并且用 Matlab 的 M 语言为 2D-IHCP 编写了用户界面且生成 .exe 可执行文件，以此开发了二维瞬态传热反问题软件 2D-IHCP（见图 3-2）。采用有限差分 Crank-Nicolson 格式求解算法中所涉及的偏微分方程（见式（3-1）~式（3-6）、式（3-18）~式（3-23）和式（3-26）~式（3-31）），采用复化的辛普森（composite Simpson's rule）积分法求解算法中所涉及的积分（式（3-9）、式（3-12）~式（3-14）和式（3-17））。由于结晶器工作时，其壁面温度变化范围很小（288~473 K），假设结晶器材质物理性能不随着温度变化。

表 3-1 共轭梯度 CGM 法求解反问题过程

步骤	执　行
1	初始化：任意给 $Q(\partial\Omega_j,\ t)$，$j=1\sim3$，赋一组初始值，例如大小都为 1×10^6，令 $i=0$
2	把 $Q^i(\partial\Omega_j,\ t)$，$j=1\sim3$，代入正问题式（3-1）~式（3-6）求解计算得到 T_m $[t;\ Q^i(\partial\Omega_{1,2,3},\ t)]$
3	把 $T_m[t;\ Q^i\ (\partial\Omega_{1,2,3},\ t)]$ 代入反问题目标泛函式（3-9）中，计算泛函 $s[Q\ (\partial\Omega_{1,2,3},\ t)]$
4	检查收敛标准式（3-35）是否满足，如果满足则计算结束，否则进行下面： ①把 $T_m[t;\ Q^i\ (\partial\Omega_{1,2,3},\ t)]$ 和 Y_m 代入伴随问题式（3-26）~式（3-31）求解得到 $\lambda(\partial\Omega_j,\ t)$； ②把 $\lambda(\partial\Omega_j,\ t)$ 代入式（3-34）得到目标泛函的梯度 $\nabla s[Q(\partial\Omega_{1,2,3},\ t)]$； ③把目标泛函的梯度 $\nabla s[Q(\partial\Omega_{1,2,3},\ t)]$ 代入式（3-14）计算得到共轭系数 γ_j^i；接着通过式（3-11）计算得到搜索方向 $d^i(\partial\Omega_j,\ t)$； ④令 $\Delta Q(\partial\Omega_j,\ t)=d^i(\partial\Omega_j,\ t)$，求解灵敏度问题式（3-18）~式（3-23）计算得到 $\Delta T_{j,m}^i$； ⑤把 $\Delta T_{j,m}^i$ 和测量的温度 $T_m[t;\ Q^i\ (\partial\Omega_{1,2,3},\ t)]$ 代入式（3-17）求解得到搜索步长 β_j^i； ⑥把搜索方向 $d^i(\partial\Omega_j,\ t)$ 和搜索步长 β_j^i 代入式（3-10）计算得到一组新的热流密度 $Q(\partial\Omega_j,\ t)$；$i=i+1$；重复步骤 2，直至计算结束

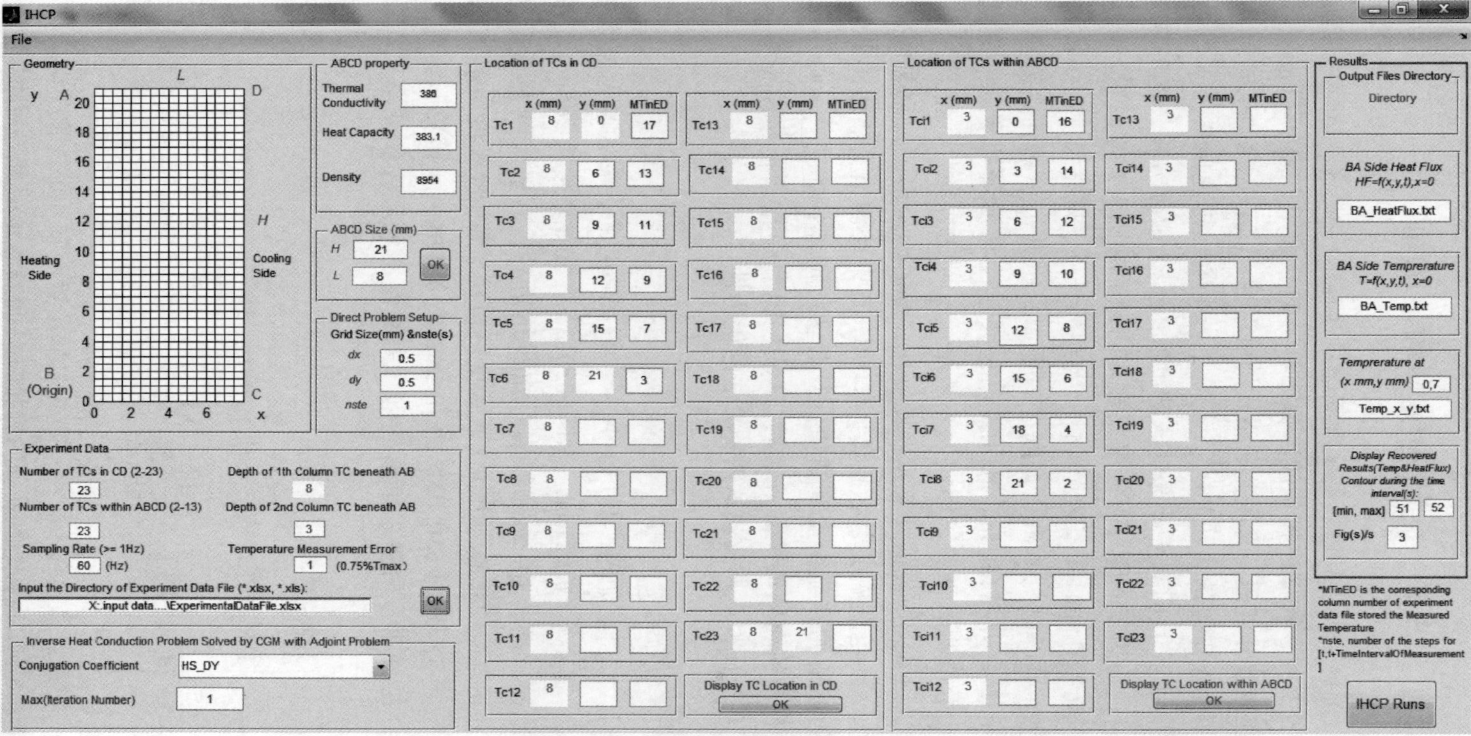

图 3-2 2D-IHCP 传热反问题软件用户界面

3.5 反问题模型数值验证

正问题式（3-1）~式（3-6）、灵敏度问题式（3-18）~式（3-23）和伴随问题式（3-26）~式（3-31）都属于抛物线型偏微分方程。采用有限差 Crank-Nicolson 格式来求解这些偏微分方程。有限差分格式的可靠性（离散网格点的选择，主要权衡截断误差和舍入误差的大小）[199]，参照了一组数学物理偏微分方程的解析解[200-201]来验证。鉴于目前有限差分法求解抛物线型偏微分方程技术的成熟性，由于本章主要讨论传热反问题（反问题是在正问题的基础上建立的），关于有限差分法解的网格无关性和时间离散无关性（与边界条件、网格尺寸和热扩散系数有关）不在此做重点论述。本章重点阐述的是 2D-IHCP 反演边界热流密度条件的可靠性。使用 2 种方案来验证 2D-IHCP 的可靠性和反演边界条件的能力：（1）设计了一个数值测试试验，即假设一组热流密度边界条件，把其代入正问题式（3-1）~式（3-6）中数值计算出温度变化，同时模拟出“一组热电偶”测量的温度；再把“热电偶温度”数据传入 2D-IHCP 中反演出受热边界上的热流密度；最后比较反演的热流密度和数值计算时使用的热流密度，从而考证 2D-IHCP 反演的边界热流密度的能力。（2）拿 2D-IHCP 与目前工业使用最成熟的 Beck 的 1D-IHCP 对比，以期比较这两种算法的优劣性。

3.5.1 验证例子计算

设计数值测试试验：如图 3-1（a）所示，测试问题的计算区域为矩形 $ABEF$（材质为金属铜）其高 $H=0.021$ m，宽 $W=0.012$ m，初始温度为 288 K。边界 AF 和边界 BE 为绝热边界，EF 为冷却水对流换热边界，其对流换热系数为 1×10^4 W/(m^2·K)，水温为 288 K；$AB(\partial\Omega_2)$ 为受热边界，其热流密度为 $q(\partial\Omega_2, t)$，$\partial\Omega_2=\{(x, y)\mid x=0, 0\leqslant y\leqslant 0.021\}$ 和 $0\leqslant t\leqslant 25$。$q(\partial\Omega_2, t)$ 函数形状为在 y 轴方向线性递减，在时间方向呈三角形变化（先线性增加后线性减小），其表达式为：

$$q(\partial\Omega_2,t)=\begin{cases}1\times10^6 & 0\leqslant t<5\\ 1\times10^6\left(1-\dfrac{1000}{21}y\right)\dfrac{t}{5}+1\times10^6 & 5\leqslant t<10\\ 1\times10^6\left(1-\dfrac{1000}{21}y\right)\dfrac{20-t}{5}+1\times10^6 & 10\leqslant t\leqslant 15\\ 1\times10^6 & 15\leqslant t<20\end{cases}\tag{3-38}$$

首先，测试问题计算过程中，第一排热电偶位置上有 8 个虚拟热电偶，其距离 AB 受热边界为 3 mm，热电偶垂直均匀排列其间隔 3 mm；第一排热电偶数据将会用来构造目标泛函式（3-9）。同时第二排热电偶位置上也有 8 个虚拟热电偶，其距离 *AB* 受热边界为 8 mm 热电偶垂直均匀排列其间隔 3 mm；第二排热电偶数据将用来为正问题提供第一类温度边界条件，以取代使用 *EF* 的对流换热边界条件，反问题计算区域为更小的矩形区域 *ABCD*。其次，把已知的边界条件代入正问题式（3-1）~式（3-6）中，采用有限差分法求解（离散网格大小为 0.2 mm×0.2 mm，时间步长大小 Δt 为 0.1 s），计算时第一排和第二排热电偶以 0.1 s 的间隔采集温度数据；接着把“测量的”数值模拟温度代入 2D-IHCP，重新反演边界 *AB* 的热流密度值。最后，在“测量的”数值模拟温度中加入高斯噪声 $\omega\sigma$，噪声的标准偏差 σ 分别设置为 0、0.1 和 0.2，而 ω 为随机变量，其值在区间［−2.576，2.576］内的置信度为 0.99；以此来模拟真实热电偶测量的误差，并把含有噪声的温度数据代入 2D-IHCP 反演边界 *AB* 的热流密度，由此研究 2D-IHCP 的抗噪声干扰能力。

图 3-3 所示为 *AB* 受热边界上 y 坐标值为 0 mm、3 mm、6 mm、9 mm、12 mm、15 mm、18 mm 和 21 mm 处的真实热流密度和 2D-IHCP 模型反演出的热

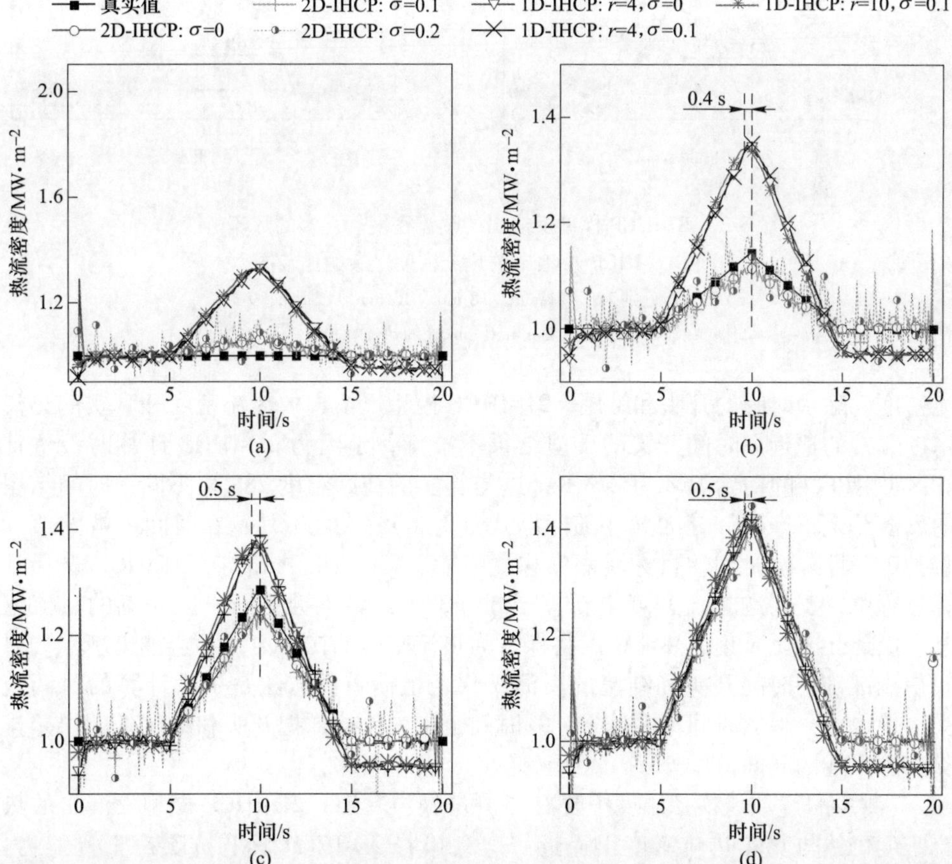

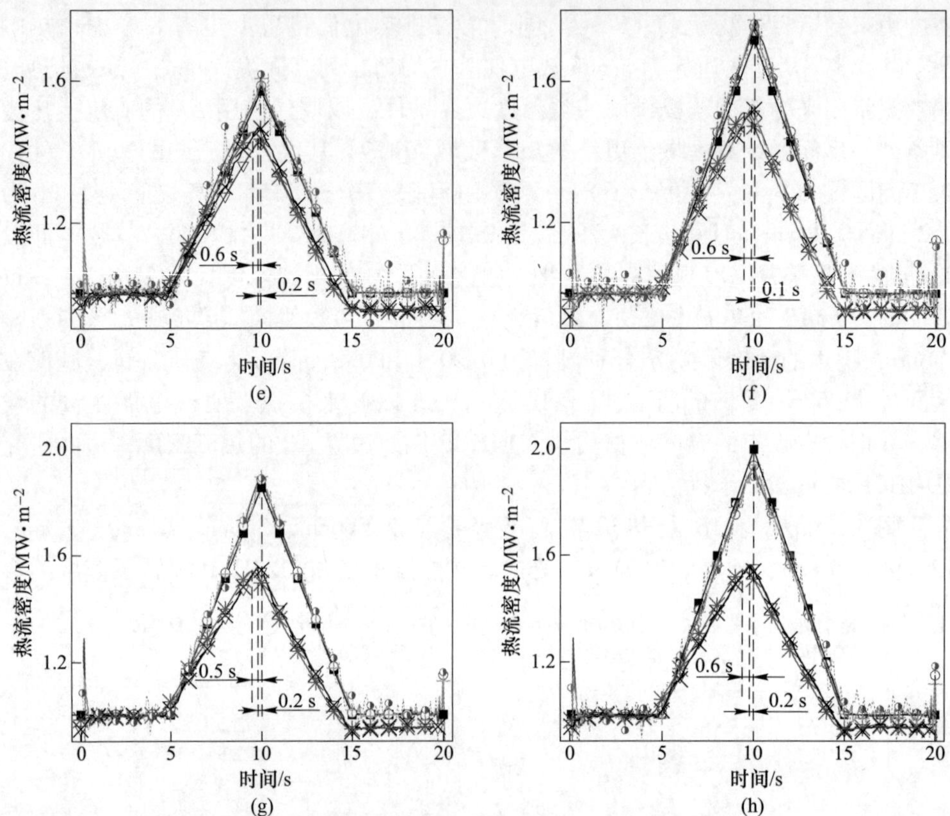

图 3-3　2D-IHCP 模型反演出的热流密度、真实的热流密度和 1D-IHCP 反演出的热流密度三者的比较图

(a)~(h) 分别为 y=21 mm、18 mm、15 mm、12 mm、9 mm、6 mm、3 mm 和 0 mm 处的热流密度

流密度。除了时间的开头和结尾，2D-IHCP 模型反演出的热流密度和真实的热流密度非常的逼近。时间开头的反演结果不准确，是因为 2D-IHCP 计算时设置计算区域 *ABCD* 的初始温度为 273 K，这与真实的初始温度 288 K 不同；时间结尾的反演结果不准确，是因为伴随问题式（3-26）~式（3-31）在时间末端的值一直为零，即末端时刻的目标泛函的梯度一直为零，这意味着在 2D-IHCP 迭代计算过程中，反问题热流密度更新算子式（3-10）将不会更新末尾时刻的热流密度。因此，末尾时刻的热流密度将保持为热流密度的初始值，不会被更新。如果要得到准确的时间开头和结尾的反演结果，最简单的方法是扩大计算的时间范围，使得感兴趣的时间范围处于计算时间范围内，这样把开头和结尾处的误差排除在感兴趣的时间范围外[184]。

“测量的”数值模拟温度中含有“测量噪声”时，2D-IHCP 模型反演出的热流密度仍然与真实热流密度很逼近；这意味着 2D-IHCP 具有抗噪声干扰能力。

随着“测量的”数值模拟温度中的噪声误差从0.1增大到0.2，2D-IHCP模型反演出的热流密度围绕真实的热流密度附近波动，且噪声越大2D-IHCP模型反演出的热流密度的精度越低。如图3-3（a）~（h）所示，在y为0 mm和21 mm处2D-IHCP模型反演出的热流密度有较大的误差。这个可以归咎于热电偶的安装方式，传热反问题的反演精度不仅取决于算法的可靠性，而且对测量数据的位置和个数的依赖性非常大；通常使传感器（热电偶等）尽可能接近被反演边界，或者使用更多的传感器，这样反问题模型反演出的结果（热流密度边界条件等）的精度更高[184]。

3.5.2 结果验证

20世纪80年代著名学者J. V. Beck采用顺序函数法开发了1D-IHCP软件[95]，该软件已成功地在工业界应用了将近50年。1D-IHCP软件可以从测量的一维传热杆内部温度数据（2个或2个以上热电偶）中反演出传热杆的边界热流密度。1D-IHCP计算热流密度过程中，有一个参数为未来时间步长数目（r），其物理含义为响应（温度）通常会比激励（热流密度）滞后，滞后的时间即为顺序函数法的未来时间（$\Delta t\times r$）[97]。未来时间大小的选择应结合热电偶与被反演热流密度边界的距离和传热介质的物理属性来确定。假设计算区域处于一维传热，把“测量的”数值模拟温度代入Beck的1D-IHCP[95]中，计算出通过AB受热面的热流密度。

如图3-3所示，采用Beck的1D-IHCP计算的AB受热边界上y坐标值为0 mm、3 mm、6 mm、9 mm、12 mm、15 mm、18 mm和21 mm处的热流密度。与真实热流密度对比，1D-IHCP计算的热流密度在时间上出现相位移动现象（提前出现了峰值，即计算的热流密度提前上升达到最大值，然后提前降低到水平值）。相位移动是由于顺序函数法采用未来时间内测量的温度来稳定计算的热流密度，以便防止测量温度小量的波动导致计算热流密度值大的波动[202]。当未来时间从0.4 s增加到1 s后，热流密度峰值与真实峰值相提前的时间由0.2 s增加到0.6 s。

Beck的1D-IHCP计算的AB受热边界上的热流密度的变化与真实的热流密度值变化趋势相同，数值大小上有些偏差。与2D-IHCP计算结果对比，在y值小于12 mm的受热边界区域，Beck的1D-IHCP计算的热流密度小于2D-IHCP计算的热流密度（见图3-3（e）~（h））；在y值大于12 mm的受热边界区域，Beck的1D-IHCP计算的热流密度大于2D-IHCP计算的热流密度（见图3-3（a）~（c））。这是因为在计算区域$ABEF$内，热量是二维传导传输的，计算区域内的热电偶温度变化，不仅受横向（x轴）的热流密度的影响，而且还受到纵向（y轴）的热流密度影响。Beck 的 1D-IHCP 计算时假设了热量仅沿着一维横向（x 轴）传热，其热流密度的计算基于计算区域 $ABEF$ 内 x 轴方向上的 2 根深浅不同的热电偶温度；只要热量传输导致当地热电偶温度变化，这些热量不管来自 x 轴方向还是 y 轴方向，都会认为是横向（x 轴）传输过来的。计算区域的下部靠近 BC 边界处，有一部分热量会从 BC 边界到 AD 边界传输，即沿着 y 轴方向传输，因为 BC 边界比 AD 边界温度更高；当热量从 AB 受热边界传输到计算区域下部的热电偶（靠近 BC 边界）前，有部分热量会传输到温度更低的 AD 区域；1D-IHCP 没有把这部分热量考虑进模型中（因为这部分热没有作用于热电偶上），因此 Beck 的 1D-IHCP计算的 AB 受热边界下部区域的热流密度小于 2D-IHCP 计算的热流密度（y 小于 12 mm 的受热边界）。相反，计算区域上部，有一部分热量会从 BC 边界传输到 AD 边界，1D-IHCP 把这部分热量当成 x 轴方向上传过来的热量记录在模型中（因为这部分热量会影响热电偶温度），因此 Beck 的 1D-IHCP 计算的 AB 受热边界下部区域的热流密度大于 2D-IHCP 计算的热流密度（y 大于 12 mm 的受热边界）。在 $y=12$ mm 的受热边界，1D-IHCP 和 2D-IHCP 的热流密度很接近（见图 3-3（d））；这是因为对于热电偶所在位置，从温度高的区域（靠近 BC 边界）传输进来的热量等于其本身传输到温度低的区域（靠近 AD 边界）的热量，即热电偶温度变化主要受来自 x 方向传输热量的影响。

为了评估 1D-IHCP 和 2D-IHCP 的热流密度与真实热流密度的偏差，定义平均绝对误差率（mean absolute percentage error，M_{err}）如下：

$$M_{\mathrm{err}} = \frac{100\%}{N} \sum_{j=1}^{N} \left| \frac{A_{i,j} - C_{i,j}}{A_{i,j}} \right| \tag{3-39}$$

式中，$A_{i,j}$为在点 i 和时刻 j 的真实值；$C_{i,j}$为在点 i 和时刻 j 的计算值；N 为时间步长的数量。

图 3-4 所示为 1D-IHCP 和 2D-IHCP 计算的受热边界上热流密度的平均绝对误差率 M_{err}。当测量温度数据中没有噪声误差时，1D-IHCP 和 2D-IHCP 计算的热流密度的最大的平均绝对误差率 M_{err}分别为 15. 77%（在 $y=21$ mm）和 2. 91%（在 $y=21$ mm）；当测量温度数据中噪声误差的标准偏差 σ 为 0. 1 时，1D-IHCP 和 2D-IHCP 计算的热流密度的最大的平均绝对误差率 M_{err} 分别为 15. 77%（在 $y=21$ mm）和 3. 58%（在 $y=21$ mm）；2D-IHCP 计算的热流密度的平均绝对误差百分数 M_{err}仅为 1D-IHCP 计算的热流密度的 9%~40%。因此，2D-IHCP 能比 1D-IHCP 更精确地反演出受热边界上的热流密度。当温度测量误差的标准差 σ 从 0. 1 增加至 0. 2 时，采用 2D-IHCP 计算的热流密度的最大平均绝对误差率 M_{err}从 3. 58%（在 $y=21$ mm）增加到 4. 88%（在 $y=21$ mm）；随着热电偶测量数据中误差的增大，2D-IHCP 仍然可以反演出较准确的受热边界上的热流密度。

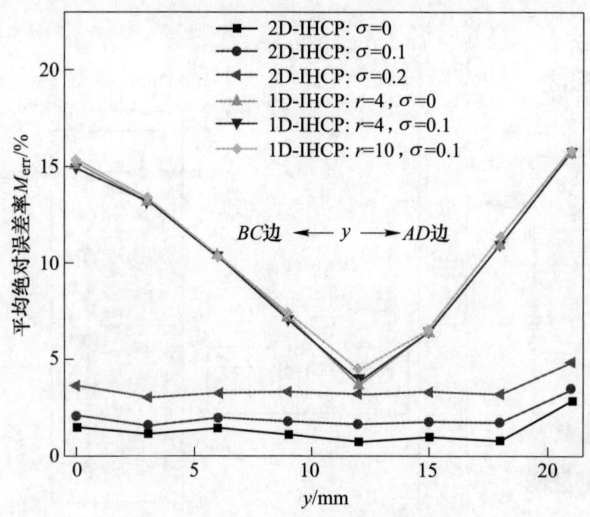

图 3-4 1D-IHCP 和 2D-IHCP 计算的受热边界上热流密度的平均绝对误差率

3.6 传热反问题在结晶器钢液初始凝固热模拟装置上的应用

首先，连铸结晶器钢液初始凝固热模拟装置被用来模拟连铸结晶器内钢水初始凝固行为；其次，把实验过程中热电偶测量的结晶器温度传入 2D-IHCP 反问题数学模型，反演出实验过程中结晶器内计算区域 *ABCD*（见图 3-5）的温度变化过程；最后，比较 Beck 的 1D-IHCP 和 2D-IHCP 反演出的结果，时间步长 Δt = 1/60 s。为了尽可能地消除 Beck 的 1D-IHCP 计算的热流密度在时间上发生的相位移动现象，1D-IHCP 计算时未来时间步长的数目（r）取值为 4，对应的未来时间（$\Delta t \times r$）为 1/15 s。

3.6.1 实验仪器配置和结果

实验过程中连铸结晶器钢液初始凝固热模拟装置的结晶器热面中间位置，安装了 2 排深浅不同的热电偶（见图 3-5），第一排和第二排热电偶分别离结晶器热面（Ⅰ-Ⅱ面）3 mm 和 8 mm；每排有 8 根热电偶，热电偶垂直均匀排列其间隔 3 mm。这些热电偶的安装位置是基于 Badri[176] 研究结果设定的。实验过程中，热电偶以 60 Hz 的采样速率采集并存储温度，热电偶的测量误差的标准差为 σ = 0.75%(Y_{max}−273.15)。结晶器外面包裹了拉坯器，使得结晶器只有一个面暴露在钢水中，拉坯器与结晶器处于过松装配状态、之间存在着间隙（大约 0.8 mm），因此可以假设结晶器处于纵向（Ⅰ-Ⅱ）二维传热（传热面垂直于结晶器热面）。实验模拟的连铸工艺参数浇铸温度、拉坯速度、结晶器振动的参数（振幅和频率）见表 3-2。

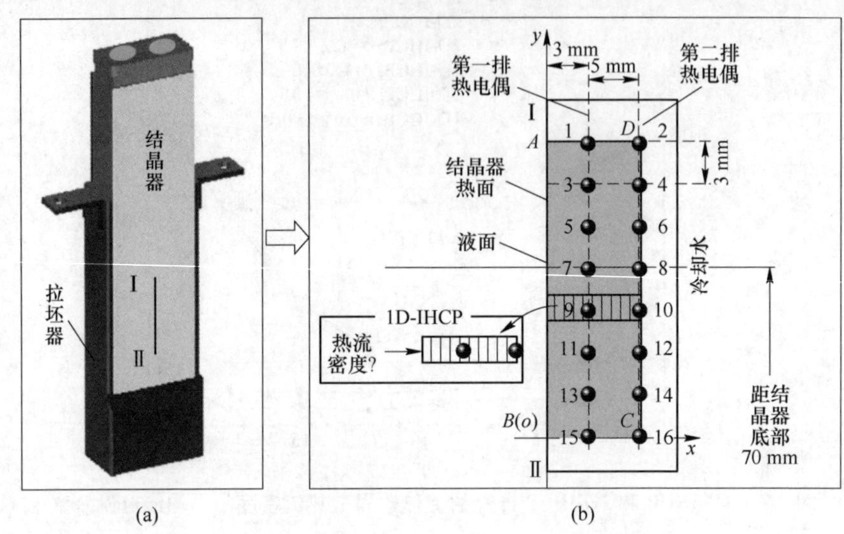

图 3-5　结晶器壁内热电偶安装和计算区域

（a）结晶器和拉坯器；（b）结晶器内热电偶的排布

表 3-2　结晶器振动参数和浇铸温度

参数	数值
结晶器振动频率/Hz	2. 13(130 r/min)
拉坯速度/mm · s^{-1}	10(0. 6 m/min)
结晶器振动行程/mm	6. 0
钢液浇铸温度/K	1833

实验过程中，把 25 kg 的低碳钢（［C］0. 080%，［Si］0. 030%，［Mn］0. 400%，［P］0. 02%，［S］0. 02%）放入感应炉上熔化；待钢水温度到了设定的浇铸温度时，把 0. 3 kg 的保护渣加到钢水液面；待保护渣熔化后，钢水表面形成了一层 6～10 mm 厚的液相保护渣层；接着运行连铸结晶器钢液初始凝固热模拟装置，结晶器进入钢液（约 52 s），停留 5. 5 s，然后模拟连铸过程 5. 5 s，再停留 1 s 后把结晶器、拉坯器和实验得到的坯壳拉出钢液（约 65 s），放在室温下让其自然冷却（见图 3-6）；最后，标定好坯壳上部尖端（弯月面）与结晶器的相对位置，以确认热电偶测量的坯壳位置。详细实验过程参见 2. 1 节。

图 3-7（a）和（b）所示为实验过程中第一排热电偶温度（离结晶器热面 3 mm）和第二排热电偶温度（离结晶器热面 8 mm，热电偶位置见图 3-5）。模拟连铸过程发生在第Ⅲ阶段（从 58. 1 s 到 63. 6 s），保护渣液面位置对应着结晶器热面 $y = 16$ mm 处，钢水液面对应着结晶器热面 $y = 12$ mm 处。按照实验进程，

图 3-7 可以分为 4 个阶段，第 Ⅰ 阶段为处于室温（16 ℃）条件下的结晶器进入钢液，结晶器温度迅速上升；第 Ⅱ 阶段（52.6~58.1 s），结晶器停留 5.5 s，由于坯壳紧靠结晶器壁凝固、坯壳凝固收缩导致结晶器/坯壳间渗入保护渣，保护渣凝固结晶并产生结晶器/保护渣接触热阻[48,120]，于是结晶器温度先升高后进入一个平稳阶段；第 Ⅲ 阶段（58.1~63.6 s），模拟连铸过程，由于拉坯器拉动坯壳往下移动，结晶器温度再升高（见图 3-7（b））；第Ⅳ阶段，连铸结束后停留 1 s，随后结晶器和坯壳提出钢液在室温下冷却，结晶器温度下降。

图 3-6 实验得到的初始坯壳和结晶器/坯壳间渗入的保护渣

3.6.2 结晶器温度场反演结果与讨论

3.6.2.1 计算优化

基于共轭梯度的 2D-IHCP 反问题算法在开始时间和结束时间的反演结果准确性较差。为了解决这个问题，我们扩大了计算时间范围，从感兴趣的实验阶段（52~65 s）扩大到 48~68 s。这样有助于 2D-IHCP 算法准确反演出连铸结晶器钢液初始凝固热模拟装置实验过程中（52~65 s）结晶器的温度场。

采用有限差分法求解 2D-IHCP 所含有的偏微分方程，为了验证离散网格对反演结果的影响，分别使用 6 种不同的网格点数 $n_x \times n_y$ 离散计算区域（见图 3-5 的矩形区域 *ABCD*）。时间步长大小设置为 1/60 s，于是时间步长总是为 1200 步（等于（68−48)×60），因此反问题构造的目标泛函（见式（3-9））的变量数目为 $1200(2n_x+n_y)$ 个，即目标泛函的自由度（degree of freedoms，DOFs）为 $1200(2n_x+n_y)$ 个。同时热电偶误差的标准偏差为 0.65，所以反问题迭代计算过程中的收敛标准的容差 ε 为 67.6（见式（3-37））。采用 MATLAB™来实现这 6 种不同的网格离散的 2D-IHCP 反问题算法，算法在一台具有 3.40GHz Intel（R）Core（TM）i7-3770 CPU 和 8GB RAM 的计算机上运行。

表 3-3 所列为 6 种不同的离散网格点数下 2D-IHCP 反问题算法所具有的自由度、需要迭代的步数和计算所消耗的时间。当计算区域离散的点数增多，反问题目标泛函（见式（3-9））的自由度增多，正问题、伴随问题和灵敏度问题计算

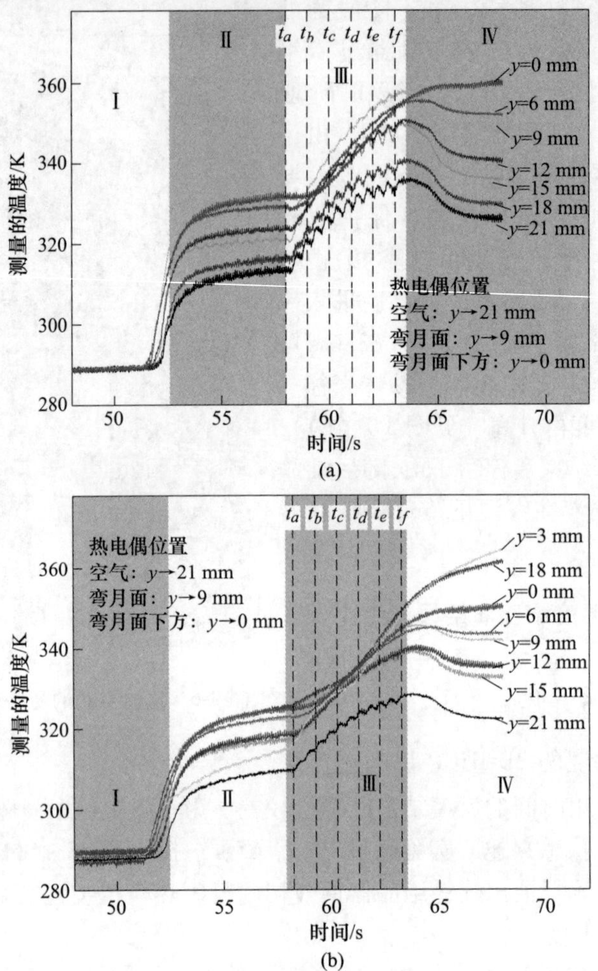

图 3-7　结晶器内热电偶测量的温度

（a）第一排热电偶温度；（b）第二排热电偶温度

需要更多的时间，因此 2D-IHCP 反问题算法需要更多的迭代次数和计算时间来反演出真实结果。而增加计算区域在垂直于结晶器热面方向上离散的点数（n_x），对 2D-IHCP 反问题算法需要的迭代次数的影响很小。

表 3-3　不同的离散网格点数的 2D-IHCP 反问题计算

网格（$n_x \times n_y$）	反问题目标函数的自由度	迭代次数/次	运行时间/s
9×8	1226	11	23.8
17×8	50400	11	38.5
9×22	48000	27	131.6

续表 3-3

网格 ($n_x \times n_y$)	反问题目标函数的自由度	迭代次数/次	运行时间/s
17×22	67200	27	223.7
9×43	73200	28	218.4
17×43	92400	29	437.7

图 3-8 所示为 6 种不同的离散网格点数下，反演的坐标 y 为 12 mm 处结晶器热面的热流密度。6 种不同的离散网格点数下，反演出的热流密度大小和变化都非常接近。局部放大图 3-8（a）中 56 s 和 61 s 附近反演的热流密度，可以看出网格点数为 17×22 足够满足反演出连铸结晶器钢液初始凝固热模拟装置运行时通过结晶器热面的热流密度（见图 3-8（b）和（c））。

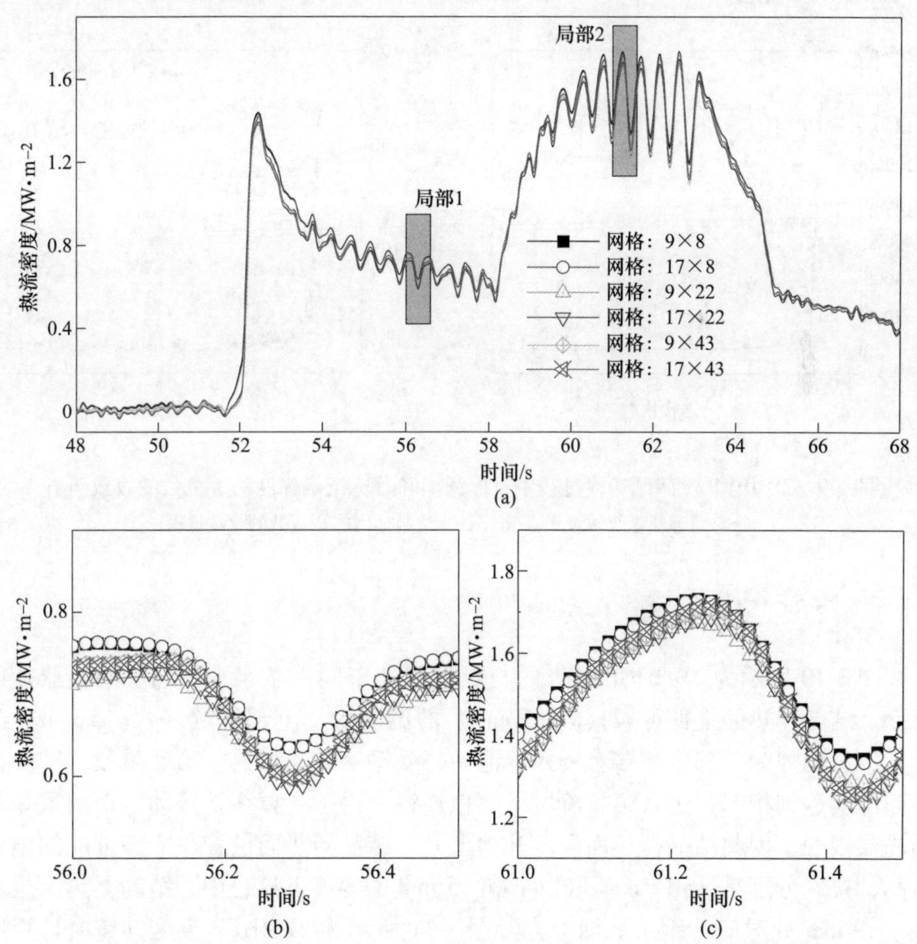

图 3-8 采用 6 种不同的离散网格点数反演的结晶器热面的热流密度

（a）y 等于 12 mm 处结晶器热面的热流密度；（b）热流密度局部 1 放大图；（c）热流密度局部 2 放大图

在 2D-IHCP 计算过程中，可监视目标泛函值的大小 s（见式（3-9））和目标泛函对其本身变量（$Q(\partial\Omega_1, t)$、$Q(\partial\Omega_2, t)$ 和 $Q(\partial\Omega_3, t)$）的梯度向量的 2-范数的大小 ∇s（见式（3-34））（目标泛函取极值的条件为目标泛函梯度等于 0；好比普通函数求极值的条件是导数为 0）来判断 2D-IHCP 计算的收敛程度。图 3-9 所示的网格点数为 17×22 时，2D-IHCP 反问题迭代过程中目标泛函（见式（3-9））和目标泛函梯度的 2-范数的收敛历史；目标泛函在第 27 步迭代时达到满足收敛标准式（3-35）（容差为 67.6）；同时，目标泛函梯度的 2-范数 $\nabla s[Q(\partial\Omega_1, t)]$、$\nabla s[Q(\partial\Omega_2, t)]$ 和 $\nabla s[Q(\partial\Omega_3, t)]$ 分别为 2.37×10^{-8}、2.46×10^{-8} 和 1.69×10^{-8}；这表明目标泛函值（见式（3-9））逼近极小值，即反演出的边界热流密度 $Q(\partial\Omega_1, t)$、$Q(\partial\Omega_2, t)$ 和 $Q(\partial\Omega_3, t)$ 逼近真实的边界热流密度，2D-IHCP 计算收敛。

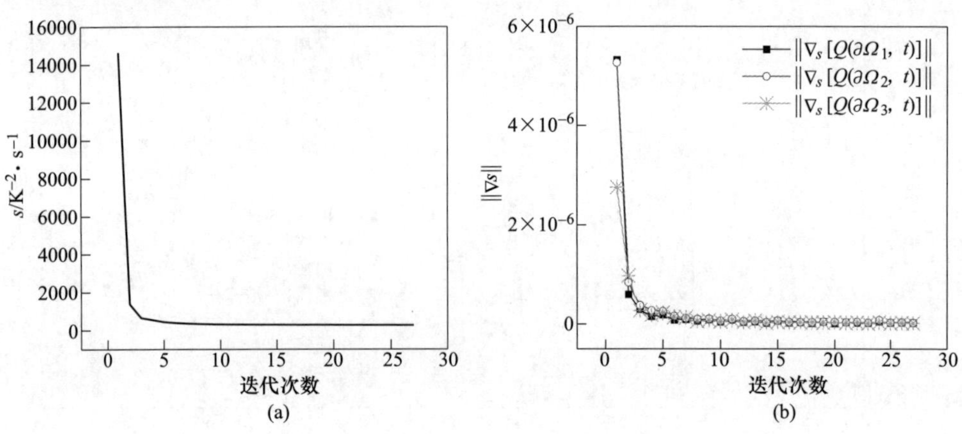

图 3-9　2D-IHCP 反问题迭代过程中目标泛函和目标泛函梯度的 2-范数的收敛历史
（a）目标泛函收敛过程；（b）目标泛函梯度的 2-范数的收敛过程

3.6.2.2　结晶器温度的反演

图 3-10 所示为 2D-IHCP 计算的与热电偶处于同一条水平线的、结晶器热面温度。结晶器热面下部区域（y<15 mm）的温度大于上部区域（$y\geqslant15$ mm）的温度；这是因为下部区域接着浸入熔池中，受钢液直接加热。第Ⅱ阶段，结晶器热面温度达到稳态；进入第Ⅲ阶段，模拟连铸，由于坯壳往下拉动，钢液重新与结晶器接触，因此结晶器热面温度开始上升；结晶器热面位置在 y=9 mm 的温度最高，接着分别是 y=12 mm、6 mm 和 15 mm 的温度。这是因为结晶器热面位置在 y=9 mm 处对应着钢水液面下方。图 3-11 所示为 2D-IHCP 反演连铸时计算区域（见图 3-5 的矩形区域 *ABCD*）温度和热流密度的变化过程。时间 t_a、t_b、t_c、t_d、t_e和 t_f标注于图 3-10 中。可以看出，刚开始连铸时结晶器热面温度在弯月面

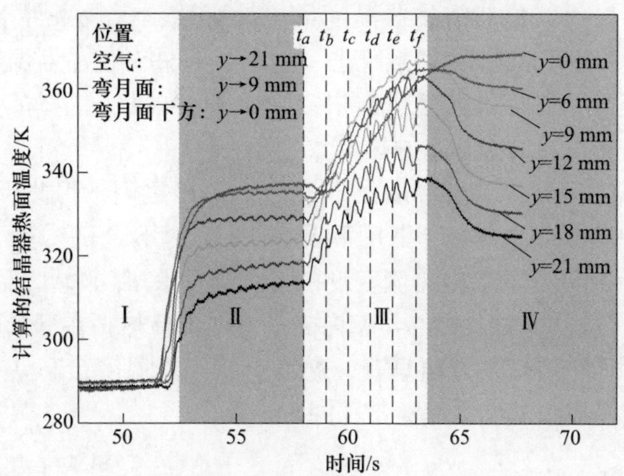

图 3-10 2D-IHCP 计算的结晶器热面温度

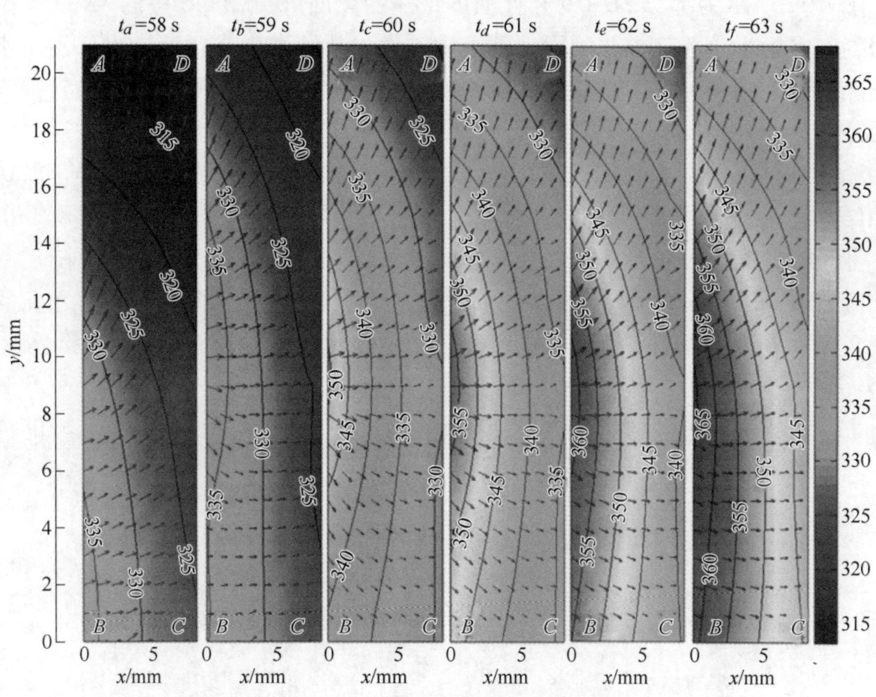

图 3-11 2D-IHCP 反演计算区域的温度和热流密度的变化过程

附近（$y \approx 9$ mm）首先上升，这是因为坯壳往下拉动时，新鲜的钢水流入与结晶器发生接触。随着坯壳的下行，结晶器下部区域（$y<15$ mm）的温度开始上升；模拟拉坯结束时，钢液液面（$y=12$ mm）下方 0~3 mm 处，结晶器热面温度最大为 367 K（94 ℃）；这个值小于工业结晶器温度（80~180 ℃，其中弯月面附近

最高达到 180 ℃）[96]，显然结晶器温度场还没有达到工业条件下的“热稳态”（非稳态传热的正规状况阶段；“热稳态”时初始条件对结晶器温度的影响消失，结晶器温度只受边界条件和几何因素的影响），即“热稳态”时钢水加热结晶器的热量等于结晶器传递给冷却水的热量。

图 3-11 可以看到，结晶器温度处于 310~367 K 之间，因此可以合理的假设结晶器材质物理性能（热容、密度和导热系数）不会随着温度变化。同时图 3-11 还可以看到结晶器壁内热流密度的方向（箭头所示，长度表示大小，箭头指向表示热量传输方向）；结晶器壁内热量为二维传热，在弯月面（$y\approx9$ mm）附近，热流密度几乎与水平方向垂直，这表明此区域温度最高（$y\approx9$ mm），以至于热量会往结晶器上部和结晶器下部同时扩散。

3.6.2.3　结晶器表面热流密度的反演

图 3-12 所示为部分 2D-IHCP 反演的结晶器热面（见图 3-5 中的 *AB* 线）的热流密度。在第Ⅰ阶段，结晶器浸入钢液中，通过热流密度在迅速增大，当钢水接触结晶器时，结晶器对应位置的热流密度达到最大值。第Ⅱ阶段，结晶器浸入钢液后停留 5.5 s 来形成足够厚的坯壳，热阻在增加，热流密度在降低；这是因为坯壳紧靠结晶器壁凝固、坯壳凝固收缩导致结晶器/坯壳间渗入保护渣，保护渣凝固结晶并产生结晶器/保护渣接触热阻[48,120]。第Ⅲ阶段，模拟连铸过程，由于拉坯器拉动坯壳往下移动，钢液重新与结晶器接触，热流密度在增加，随后在弯月面附近（$y\approx9$ mm），热流密度进入准稳定态，这表明钢液到结晶器之间的凝固现象要达到稳定状态，新生成的坯壳以预定拉速往下连铸，钢水源源不断地补充凝固坯壳下降后的空间。钢水顶部液态保护渣液面上方（$y>15$ mm，例如 18 mm和 21 mm）通过结晶器的热流密度在慢慢下降，这是因为这个区域的传热

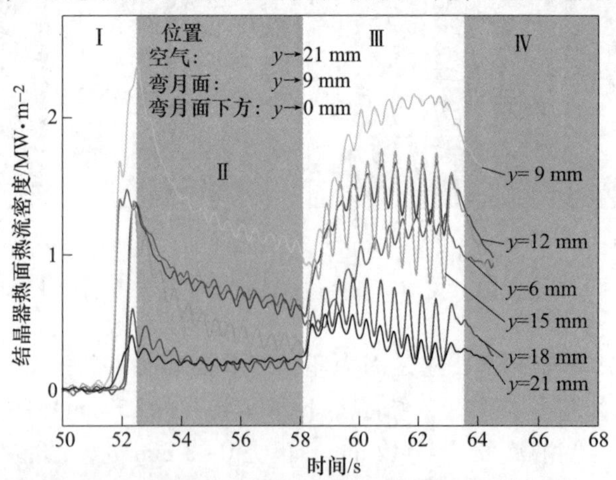

图 3-12　2D-IHCP 反演的结晶器热面的热流密度

主要靠辐射传热，当结晶器热面温度上升时辐射传热就会降低（见图 3-11）。在顶部液态保护渣层和弯月面附近（y = 21 mm，18 mm，15 mm，12 mm，9 mm，6 mm），热流密度发生着明显的波动，因为这个位置的结晶器振动来回往复于熔池、钢水和空气之间。第Ⅳ阶段，连铸结束，结晶器和初始坯壳被停留 1 s 后提出钢液在室温下冷却，因此热流密度在下降。

图 3-13 所示为 2D-IHCP 计算的连铸结晶器钢液初始凝固热模拟装置模拟拉坯过程时，通过结晶器热面的热流密度变化。其中纵坐标表示结晶器热面（见图 3-5 中 *AB* 线），横坐标表示模拟连铸的时间。可以看出最大热流密度（约 2.0 MW/m^2）所在位置相对于结晶器保持在一个稳定的位置上（即钢水液面（y=12 mm）下方 3 mm 处），这表明连铸过程钢水液面比较稳定，最大热流密度的数值大小与工业连铸机结晶器的相近。

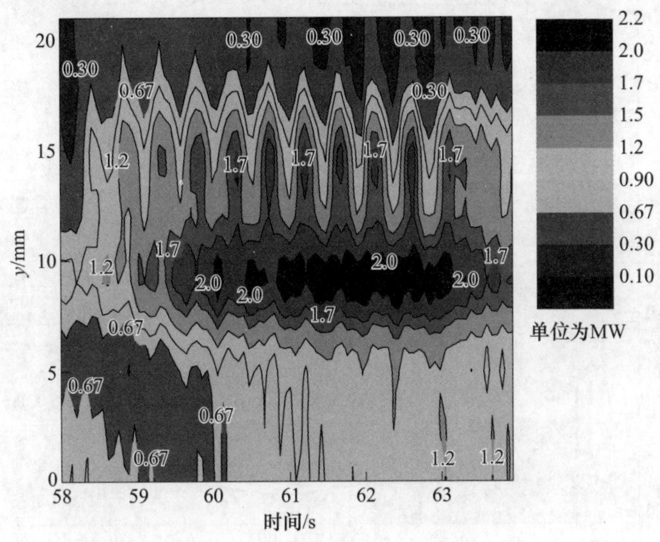

图 3-13 2D-IHCP 计算的连铸时通过结晶器热面的热流密度

3.6.3 对比 2D-IHCP 和 Beck 的 1D-IHCP 反演的热流密度

图 3-14 对比了在结晶器热面 y = 0 mm，6 mm，9 mm，12 mm，15 mm，21 mm处的 1D-IHCP 和 2D-IHCP 计算的热流密度。2D-IHCP 计算的热流密度和 1D-IHCP 的具有相同的变化趋势，但是在液态保护渣液面下方（y≤15 mm，例如图 3-14 中 y=0 mm，6 mm，9 mm，12 mm 和 15 mm 处），2D-IHCP 计算的通过结晶器的热流密度比 1D-IHCP 的热流密度值大 1.2~2 倍；在液态保护渣液面上方（y>15 mm，例如图 3-14 中 y=21 mm 处）。2D-IHCP 计算的通过结晶器的热流密度仅为 1D-IHCP 的热流密度值大小的 50%~90%。正如 3.5.2 小节中验证例

子计算结果反应的一样，Beck 的 1D-IHCP 计算时假设了热量仅沿着一维横向（x 轴）传热，其热流密度的计算基于计算区域 $ABEF$ 内 x 轴方向上的 2 根深浅不同的热电偶温度；只要热量传输导致当地热电偶温度变化，这些热量不管来自 x 轴方向还是 y 轴方向都会认为是横向（x 轴）传输过来的。结晶器上部温度低的区域（y>15 mm，例如，在 21 mm）被结晶器下部温度更高的区域加热（见图 3-11）；而 1D-IHCP 计算不能分辨出竖直方向上（y 轴）的传热，1D-IHCP 会把这部分传热看成水平方向上的传热，因此计算出热流密度比 2D-IHCP（见图 3-14 中 y=21 mm）计算的大。

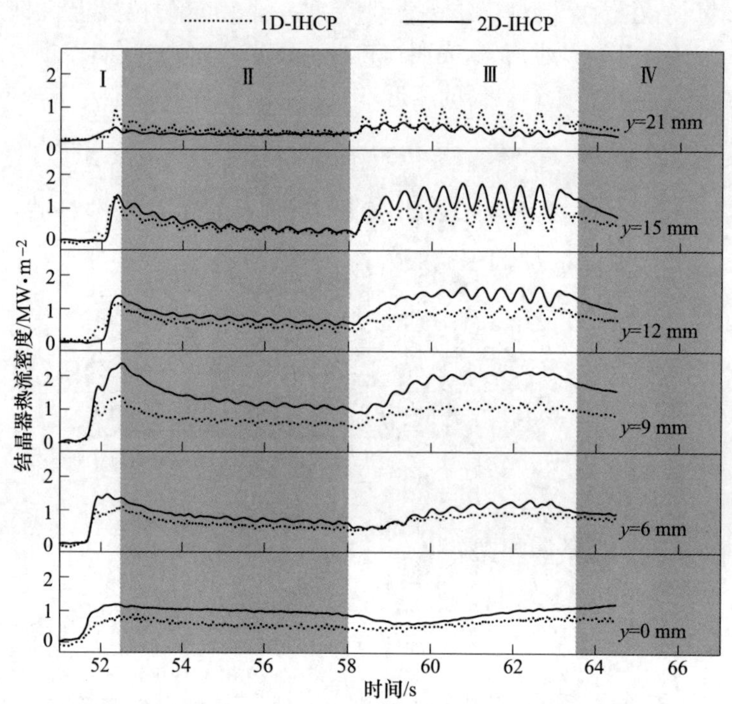

图 3-14　2D-IHCP 和 1D-IHCP 计算的热流密度的比较

保护渣区域的结晶器（y 从 12 mm 到 15 mm）有一部分热流会沿着竖直方向往上传递到温度低的结晶器空气区域（见图 3-11），因为水冷结晶器的上部处于空气中，温度会更低。1D-IHCP 不能把这部分热量考虑到模型中，因此 1D-IHCP 计算的这部分区域的热流密度比 2D-IHCP（图 3-14 中 y=15 mm 和 12 mm）计算的小。在弯月面附近（y 从 7 mm 到 9 mm），由于结晶器温度最高，因此这部分区域的热量会向上或向下传播到温度更低的区域（见图 3-11）；同样，1D-IHCP 不能把这部分热量考虑到模型中，因此 1D-IHCP 计算的这部分区域的热流密度比 2D-IHCP（见图 3-14 中 y = 15 mm 和 12 mm）计算的小（见图 3-14 中 y =

9 mm)。在弯月面下方(y<6 mm),这部分区域的热量向下传播到温度更低的结晶器下部,1D-IHCP 捕捉不到这部分传热;因此在 y=0 mm 和 6 mm 的位置,1D-IHCP 计算的热流密度小于 2D-IHCP(见图 3-14 中 y=6 mm 和 0 mm)计算的热流密度。

综上所述,2D-IHCP 模型优缺点为:

(1) 2D-IHCP 算法采用的是全时域法(whole time domain approach)计算,适用于各种温度采样速率情形;采用共轭梯度法求解(属于迭代正则法)具有抗噪声能力,能从含有噪声的温度数据中反演出热流密度边界。

(2) 2D-IHCP 算法反演结果的准确度与热电偶的精度、位置和个数的有很大关系;使用大量的高测量精度热电偶,且热电偶安装靠近被反演的边界,反问题模型反演出的结果的精度就会越高。

(3) 基于共轭梯度的 2D-IHCP 反问题算法在开始时间和结束时间的反演结果准确性较差。要获得准确的时间开头和结尾的反演结果,最简单的方法是扩大计算的时间范围,确保需要研究的时间段处于计算时间内。这样可以排除在需要研究的时间段外的开头和结尾处的误差。

(4) 如果测量温度的精度未知,这会导致本章提出的 2D-IHCP 算法的收敛标准失效,那么 2D-IHCP 算法计算时的最优迭代数目就无法确定。这可能导致反问题目标函数的温度过拟合或欠拟合,进而影响计算结果的准确性无法判断。

4 结晶器内初始坯壳凝固研究

本章使用连铸结晶器钢液初始凝固热模拟装置模拟了低碳钢连铸过程中结晶器内的初始凝固行为。结合二维瞬态传热反问题模型（2D-IHCP）和频谱分析（PSD），建立了连铸过程结晶器温度、热流密度、铸坯表面质量、坯壳厚度、结晶器液面波动和结晶器/铸坯间保护渣渗入的关系模型。实验结果表明：在钢水液面上方，结晶器热面的高频温度和高频热流密度的变化与结晶器振动频率一致、相位相反，即结晶器往下（上）振动时，温度和热流密度都是上升（下降）的；在弯月面坯壳的尖端下方，结晶器热面的高频温度和高频热流密度的变化与结晶器振动一致。实验观察到高频热流密度波动与坯壳表面形貌生成有关系：振痕的形成伴随着结晶器负滑脱（NST）时热流密度突然上升，多余振痕的产生与结晶器液面波动有关。铸坯厚度按照平方根定律生长，在弯月面附近坯壳生长对应着较大的凝固系数，而在坯壳凹陷处坯壳生长的凝固系数变小。渗入的保护渣渣膜厚度为 1.40~2.46 mm，结晶器与坯壳间保护渣结晶是一个动态的过程。

4.1 实验过程

25 kg 的低碳钢（[C] 0.080%，[Si] 0.030%，[Mn] 0.400%，[P]0.02%，[S] 0.02%）放入感应炉中，待钢熔化后，加入 0.3 kg 经过脱碳处理的保护渣（其成分列于表 4-1），结晶器保护渣熔化后，钢液顶部产生 6~9 mm 保护渣渣层。然后运行连铸结晶器钢液初始凝固热模拟装置（详细实验过程参见 2.1 节），结晶器采用正弦振动（频率 1.67 Hz，行程 10 mm），拉速 0.6 m/min。浇铸温度、结晶器冷却水的流量列于表 4-2 中。

表 4-1 保护渣成分（黏度为 0.19 kg/(m · s)）

成分	CaO/%	SiO_2/%	Al_2O_3/%	MgO/%	Na_2O/%	Li_2O/%	F/%	Fe_2O_3/%	碱度
含量	35.5	33.7	7.2	1.2	8.2	0.8	8.6	1.5	1.05

表 4-2 结晶器振动参数和浇铸参数

浇铸温度/K	拉坯速度 /$m \cdot min^{-1}$	结晶器振动频率 /Hz	结晶器振动行程 /mm	冷却水流量 /$L \cdot min^{-1}$
1823(1550 ℃)	0.6	1.67	10	7

连铸结晶器钢液初始凝固热模拟装置模拟连铸实验结束后，待铸坯冷却，标记好铸坯在结晶器上的位置（见图 2-1），把铸坯从拉坯器上切开，可得到如图 4-1 的初始坯壳和结晶器/铸坯间渗入的渣膜。把测量的结晶器温度代入 2D-IHCP 中反演出结晶器的温度场和通过结晶器的热流密度。由于连铸结晶器钢液初始凝固热模拟装置模拟连铸过程发生在实验过程的第Ⅲ阶段（持续 5.5 s），因此本章主要研究连铸结晶器钢液初始凝固热模拟装置第Ⅲ阶段连铸过程中的初始凝固现象。

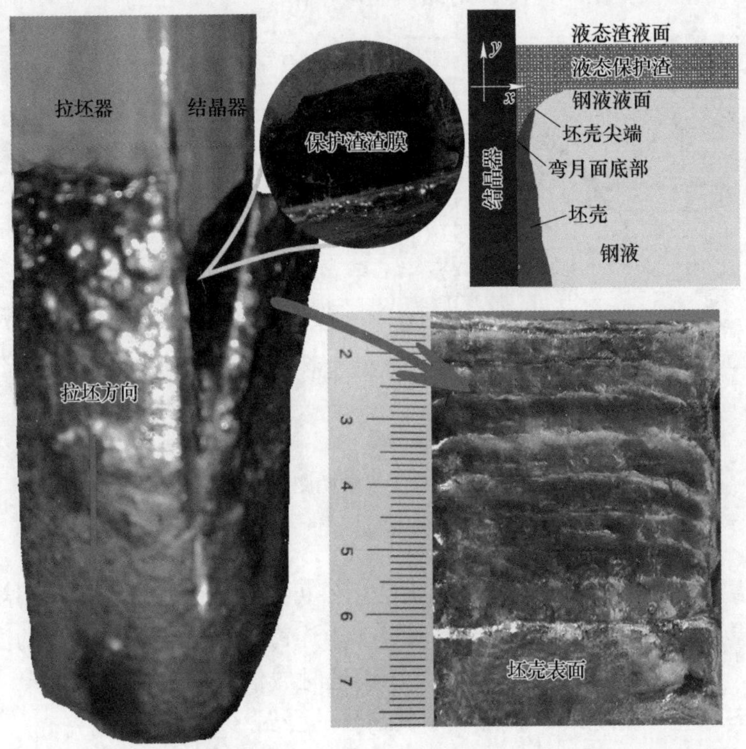

图 4-1 结晶器钢液初始凝固热模拟装置实验得到的初始坯壳和保护渣渣膜

4.2 结果与讨论

4.2.1 初始坯壳凝固时结晶器温度场

图 4-2 所示为连铸结晶器钢液初始凝固热模拟装置实验过程中，结晶器壁内距离结晶器热面不同深度的热电偶测量的温度，热电偶采样频率为 60 Hz，热电偶位置见图 2-1。根据实验进程，测量的温度数据可以分成 4 个阶段，第Ⅰ阶段，

结晶器进入熔池中，钢水与保护渣熔体接触结晶器，结晶器相应位置处的温度突然升高。第Ⅱ阶段（45.1~50.5 s），结晶器停留几秒后形成足够厚度的初始坯壳，防止拉坯阶段时坯壳断裂；此阶段由于坯壳紧靠结晶器壁凝固、坯壳凝固收缩导致结晶器/坯壳间渗入保护渣，渗透结晶器/铸坯间的保护渣发生凝固结晶，导致结晶器/保护渣间产生了接触热阻[48,120]，因此结晶器温度升高后很快进入一个准稳态阶段。第Ⅲ阶段（50.5~56 s），模拟连铸结晶器内初始凝固过程，拉坯器拉动坯壳往下移动，因此结晶器温度在升高。第Ⅳ阶段，连铸结束后，结晶器和坯壳提出钢液在室温下冷却，结晶器温度下降。

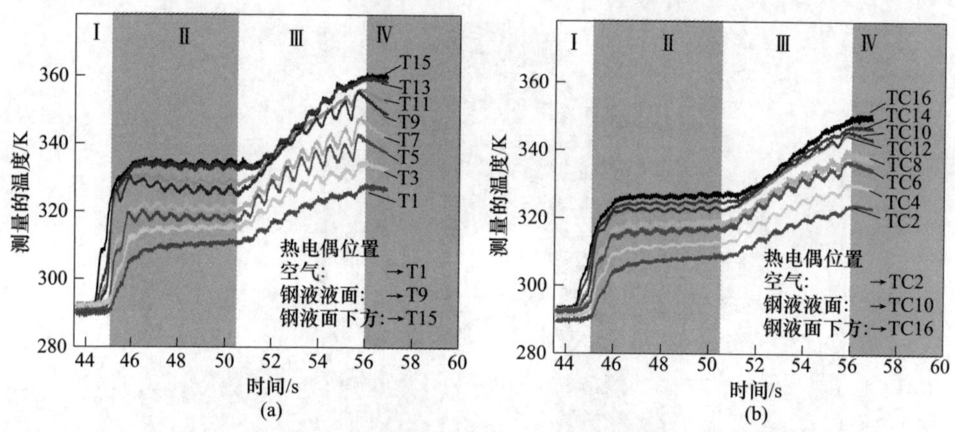

图 4-2　结晶器壁热电偶测量的温度

（a）第一排热电偶温度；（b）第二排热电偶温度

快速温度测量过程中，测量的温度数据不可避免地会被环境噪声污染。为了分析测量温度数据中的噪声来源，对图 4-2 中连铸（阶段Ⅲ）时测量的温度进行频域分析。通过 PSD 分析（详见 2.4 节）把时域信息转化成频域信息，在频域中每个频率对应分量的 PSD 大小表示其信号的强弱（见图 4-3）。

在频域分析温度数据之前，首先进行了 2 次实验：第一次，把结晶器置于空气（17 ℃）中，使用 60 Hz 的采样速率来测量温度，对温度进行频域分析，发现在 10 Hz 附近有一个明显 PSD 峰值，这个是噪声信号；第二次，结晶器在空气（17 ℃）正弦振动（频率 1.67 Hz，振幅 5 mm），同样对温度进行频域分析，发现在 10 Hz 和 20 Hz 附近分别有一个明显 PSD 峰值（见图 4-3（a）），这两个峰值对应的信号是噪声。10 Hz 的噪声来自快速热电偶测温系统（采集卡、热电偶线路等），20 Hz 的噪声可能是 10 Hz 噪声数据的二次简谐波，也可能是由于结晶器振动时电动机运动引发的电磁干扰。图 4-3（b）~（i）为连铸时第一排热电偶测量温度的频谱分析。所有的热电偶温度数据中，在频率为 10 Hz 和 20 Hz 附近各有一个 PSD 峰值。并且，在钢水液面上方（$y>8$ mm，如 TC9、TC7、TC5、

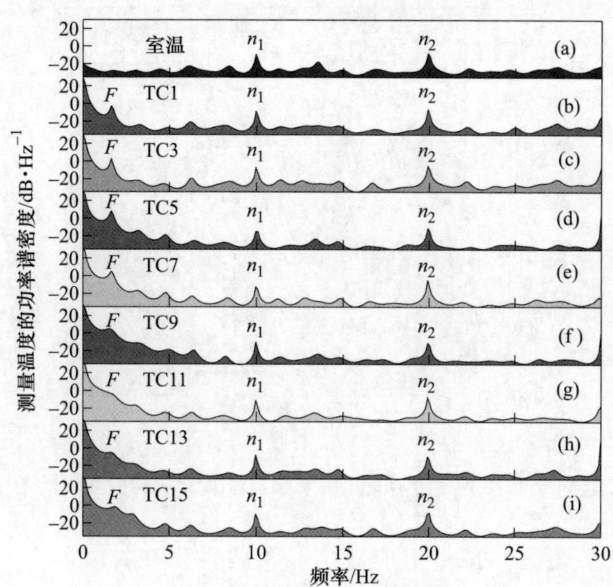

图 4-3 第一排热电偶测量数据的频谱分析
（F=1.67 Hz，n_1=10 Hz，n_2=20 Hz）

TC3 和 TC1（见图 4-3（b）~（f））的热电偶温度中，在 1.67 Hz（恰好等于结晶器振动频率）处有一个 PSD 峰值。同样在弯月面坯壳的尖端下方（$y \leqslant 3$ mm），如 TC13 和 TC15（见图 4-3（h）~（i）），在 1.67 Hz 处也有一个 PSD 峰值。1.67 Hz 的峰值所对应的温度信号对应着结晶器振动引发的凝固现象。为了过滤高频的噪声数据，保留有价值的结晶器振动引发的凝固传热信息，把测量的热电偶温度代入 2D-IHCP 反演结晶器温度和结晶器热面的热流密度前，采用 FIR 数值滤波器、加 Karse 窗口[203]来过滤温度数据中频率为 10 Hz 和 20 Hz 的噪声信号。

把测量连铸时测量的结晶器温度代入 2D-IHCP 反演的结晶器热面温度如图 4-4 所示，其中 S21，S18，…，S0 表示结晶器热面的某一位置，S 表示结晶器热面，其后面的数值表示竖直方向上的位置坐标（见图 2-1 中的 AB 线）。结晶器热面温度变化趋势和结晶器内第一排热电偶（距离热面 3 mm 处）测量温度的变化趋势一致；同一水平面上，结晶器的热面温度要比距离结晶器热面 3 mm 处的热电偶温度大 6~8 K，并且温度波动更大。这和 2.2 节中的热电偶布置理论分析一致：随着距离边界的深度增加，温度波动越来越滞后，并且波动幅度在减小。

为了简化分析结晶器热面温度和热流密度变化，在频域上设定一个阈值频率，把频率小于阈值频率的温度（热流密度）信号称为低频温度（热流密度），大于阈值频率的温度（热流密度）信号称为高频温度（热流密度），这样把温度（热流密度）拆分成高频信号和低频信号来分析。根据 Badri 的研究建议[78]，

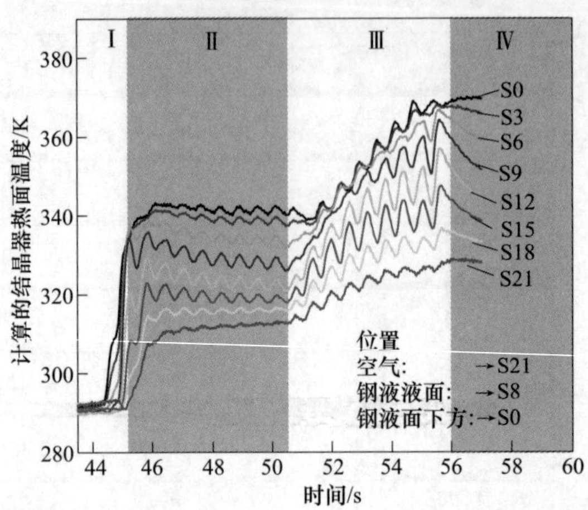

图 4-4　连铸结晶器钢液初始凝固热模拟装置实验过程中热面的温度变化

低频的温度（热流密度）信号对应着结晶器内发生在长时间程上的凝固现象，例如凝固收缩和铸坯非均匀凝固等；而高频的温度（热流密度）信号对应着发生在短时间程上的凝固现象，例如振痕的生成，部分弯月面周期性的凝固，以及保护渣渗入结晶器与铸坯间等。工业结晶器的热电偶大约 1 s 采集一个温度，因此工业结晶器测量的传热信息属于低频传热信息，反映了发生在长时间程上（时间尺度大于 1 s）的传热信息；而连铸结晶器钢液初始凝固热模拟装置使用了快速温度采集技术，因此除了测量的低频传热信息外还能测量到高频传热信息。设定阈值频率后，可以用 FFT 数值过滤器[203]把时域传热信号（温度和热流密度）中的高频信号和低频信号分离出来。阈值频率为 0. 8 Hz（以保证低频信号的波动周期至少为 2 倍的结晶器振动周期）[78]，用 FFT 数值过滤器分离出来的高频温度如图 4-5 所示；图 4-5 所示为连铸结晶器钢液初始凝固热模拟装置连铸时结晶器热面上不同位置处的高频温度与结晶器振动（D_m为结晶器位移，V_m为结晶器振动速度）的关系，其中灰色区域表示结晶器负滑脱时间（NST，负滑脱是指结晶器下降速度大于连铸拉速 V_c）。

图 4-5 中的虚线方框为一个结晶器振动周期内结晶器热面温度变化情况。在钢水液面附近/上方（y>8 mm，例如 S9、S15 和 S21），当结晶器往下运动时，结晶器热面温度先减小然后再增加；当结晶器往上运动时，结晶器热面温度增加到最大值，然后开始减小。弯月面坯壳的尖端下方（y<3 mm，例如 S0），结晶器热面温度变化趋势与在钢水液面附近/上方结晶器热面温度变化趋势相反。液态保护渣层上面（例如 S21），结晶器热面温度波动幅度最小为 1. 8 K；靠近液态保护渣液面（y≈14 mm，例如 S15），结晶器热面温度波动幅度最大为 4. 1 K。这个实验结果与 Jonayat 和 Thomas[146]数值模拟结果不同，在数值模拟结果中结晶器热面温度波动最大的地方靠近钢水液面。

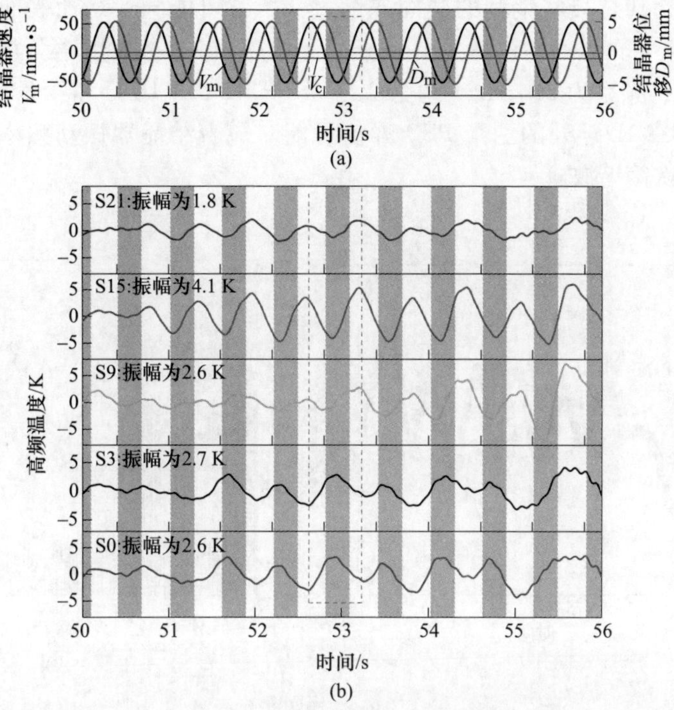

图 4-5 结晶器热面不同位置处的高频温度的变化

4.2.2 初始坯壳凝固时结晶器热流密度

图 4-6（a）所示为通过 2D-IHCP 计算的，连铸时弯月面附近（S8）通过结晶器热面的热流密度；图 4-6（b）所示为对热流密度的 PSD 分析（连铸进行了 5.5 s，根据式（2-8）计算，频谱分析的频率分辨率为 0.2 Hz）。在频域中可以看到，热流密度是由许多不同频率不同强度的信号组成的，这些信号分别对应着结晶器内发生的凝固现象，例如铸坯凝固、振痕形成、结晶器液面波动、液态保护渣渗入铸坯与结晶器间。从图 4-6（b）发现，频谱图中在结晶器振动频率 1.67 Hz 的位置上有一个 PSD 峰值，这个峰值对应的传热信号与结晶器振动和坯壳表面振痕生成有关[78]。

在频率为 3.4 Hz 和 4.8 Hz 处，功率谱密度（PSD）分别显示出一个峰值，这两个峰值可能对应着两个不同的现象的信号：（1）两个峰值可能对应着连铸时熔体液面的波动；在连铸结晶器钢液初始凝固热模拟装置中进行连铸实验的过程中，保持液面相对于结晶器的稳定性是一项具有挑战性的任务。与真实结晶器液面波动一样，熔池液面波动会对结晶器与坯壳之间保护渣的渗入以及坯壳表面形貌产生非常重要的影响。有时，拉坯速度过快或者结晶器抬升速度过慢、过快或者出现抖动，甚至某些钢种的凝固速度过快，都可能导致熔池表面出现明显的“波浪”现象（具体将在 4.2.3 小节进行分析）。（2）考虑频谱分析的频率分辨率为 0.2 Hz，频率为 3.4 Hz（约为 2×1.67 Hz ± 0.2 Hz）和 4.8 Hz（约为 3×1.67 Hz ± 0.2 Hz）处的两个 PSD 峰值可能对应着结晶器振动频率（1.67 Hz）的二次和三次简谐波。

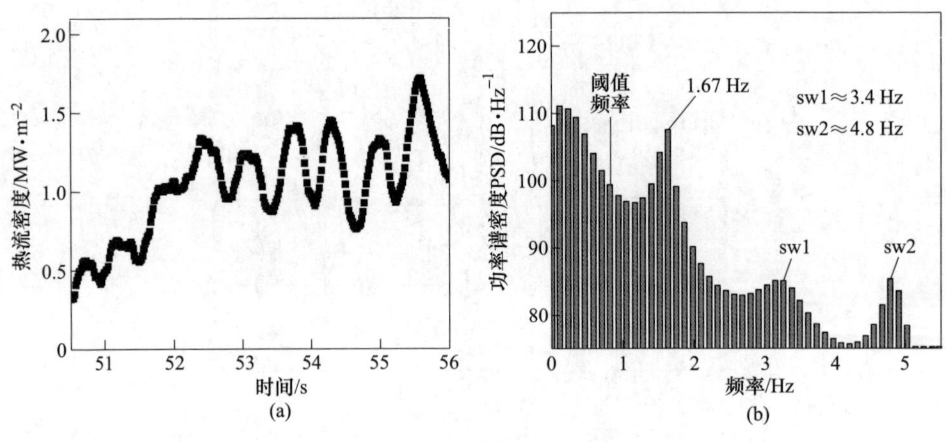

图 4-6　钢水液面附近结晶器

（a）热流密度；（b）热流密度的 PSD 分析

阈值频率可用于区分低频热流密度和高频热流密度，频率高于阈值的热流密度被归类为高频热流密度。由于坯壳表面凹陷宽度至少为振痕间距的 2 倍，因此可以将阈值频率设置为结晶器振动频率的 1/2，以确保低频信号变化周期至少为结晶器振动周期的 2 倍。由此，阈值频率设置为 0.8 Hz，这是大概为 1.67 Hz 的结晶器振动频率（f_m）的一半。通过 FFT 滤波器把钢水液面附近（S8）、通过结晶器热面的热流密度分解成高频热流密度（> 0.8 Hz）和低频热流密度（0~0.8 Hz）。图4-7 中连铸刚开始时凝固的坯壳往下运动，钢水靠近结晶器，低频热流密度（< 0.8 Hz）在增加，52 s 后围绕着 1.0 MW/m^2 的基线在大幅的波动。图 4-8 所示为连铸时不同高度上通过结晶器热面的高频热流密度（> 0.8 Hz）。不同位置上的高频热流密度变化和高频温度变化趋势一致（见图 4-5，但温度变化滞后于热流密度变化）。图 4-8 中的虚线框表示一个结晶器振动周期（52.63~53.28 s），其中结晶器热面的热流密度变化如下：在钢水液面附近/上方（如 S9、S15 和 S21），当结晶器往下运动时，结晶器热流密度先减小然后再增加；在正滑脱前期热流密度增加到最大值；紧接着结晶器往上运动，热流密度在降低。在弯月面坯壳的尖端下方（y<3 mm，如 S0），结晶器热面温度变化趋势与在钢水液面附近/上方热面温度变化趋势相反。在液态保护渣层上面（如 S21），结晶器热

面的热流密度波动幅度最小，为0.11 MW/m^2；液态保护渣液面（$y\approx14$ mm）附近（如S15），结晶器热面的热流密度波动幅度最大，为0.32 MW/m^2。

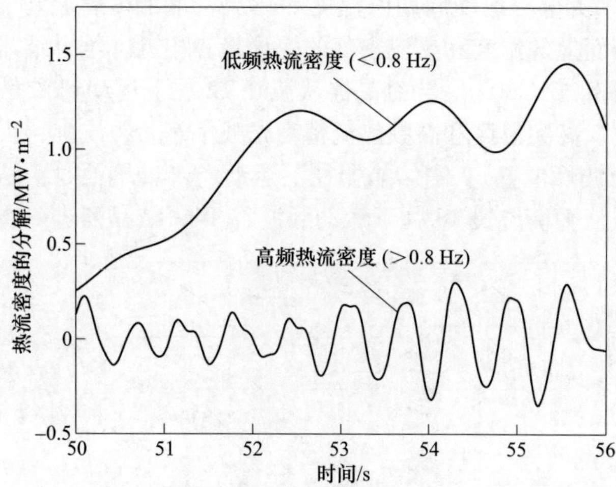

图4-7　钢水液面附近热流密度的高频和低频信号

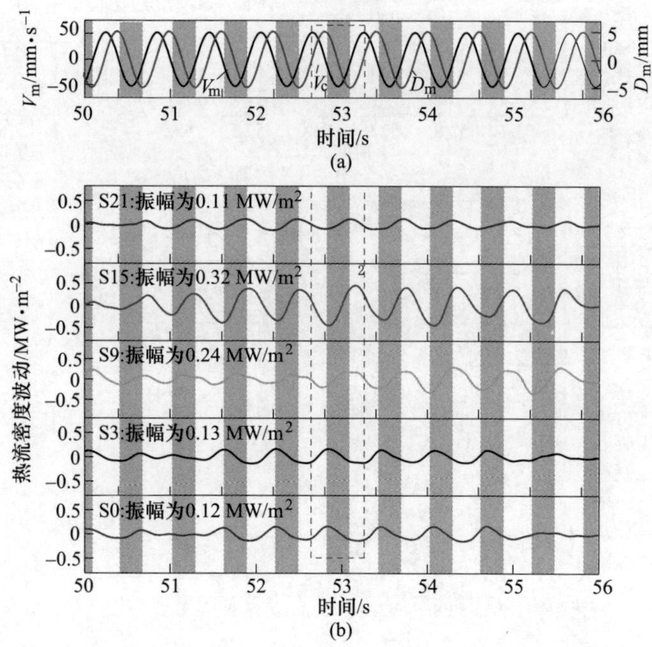

图4-8　结晶器热面不同位置处的高频热流密度的变化

为了进一步分析结晶器热面的高频温度和高频热流密度变化规律，同一个结晶器振动周期时间内（52.63~53.28 s），三个典型位置处的高频温度和高频热流密度从图 4-5、图 4-7 和图 4-8 挑选出来并合列于图 4-9 中：其中 S15 代表钢水液面上方，S8 代表钢水液面附近，S0 代表钢水液面下方。图 4-9 选出的数据反映了图 4-7 和图 4-8 中大部分振动周期内温度和热流密度的变化趋势。从图 4-9 可以看出，结晶器表面上的温度和热流密度的变化趋势相近。结合结晶器振动分析发现：在钢水液面上方（S15），当结晶器从波峰 T2 往下运动到平衡位置 T3、结晶器正在接近熔池，高频温度和高频热流密度先减小然后再增加；因为结晶器直接暴露在空气中（波峰位置），当结晶器往下运动，接近熔池时，结晶器被熔池慢慢加热。结晶器从平衡位置 T3 往下运动到波谷 T4，结晶器进一步进入熔池被

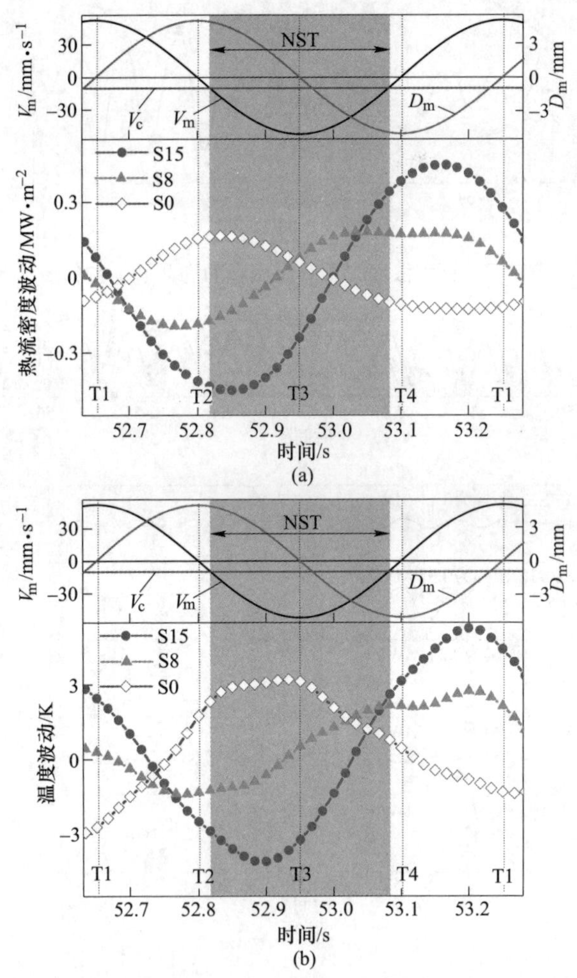

图 4-9　一个结晶器振动周期内高频热流密度和高频温度的变化
（a）高频热流密度波动；（b）高频温度波动
T1，T3—结晶器振动平衡位置；T2—结晶器振动波峰；T4—结晶器振动波谷

加热，因此结晶器热面温度和热流密度在继续增加。当结晶器从波谷 T4 往上运动到平衡位置 T1、结晶器开始从熔池中出来时，温度和热流密度增大到最大值，随后在正滑脱前期（PST 前期），结晶器温度和热流密度在减小；因为结晶器一直被熔池加热（结晶器波峰位置）直到撤出熔池被空气完全冷却为止。当结晶器从平衡位置 T1 往上运动到波峰位置 T2、结晶器往上运动远离熔池，由于结晶器暴露在空气中被进一步冷却，结晶器热面温度和热流密度在持续降低。这个实验结果和 Badri 等人[78]的分析一致，因为结晶器热面的热流密度波动是结晶器在熔池内进进出出导致的，但是 Jonayat 和 Thomas[146]数值模拟计算（基于结晶器参考系）的结果中，没有这个实验结果。钢水液面附近（S8），结晶器热面的热流密度和温度在负滑脱前期（NST 前期）迅速增大，并且在负滑脱后期（NST 后期，结晶器从波峰 T2 到波谷 T4）持续增大到最大值；因为这部分结晶器已经在液态熔池中（即使结晶器在波峰 T2 处），但结晶器进入熔池时，这部分结晶器会被钢水加热。负滑脱（NST）时，液态保护渣渗入结晶器/坯壳间的量突然增大，会导致渣道内产生强制对流换热[145]，并且弯月面变形靠近结晶器[65]，弯月面加速凝固（会有更多的弯月面被凝固），由此热流密度突然上升。在正滑脱前期（PST 前期）到正滑脱中期（mid-PST），结晶器从波谷 T4 到平衡位置 T1，结晶器热面温度和热流密度先增加到最大值，然后保持一段时间；在正滑脱中期（mid-PST）温度和热流密度开始降低，因为结晶器被钢水持续加热直到其往上运动从钢水中出来进入顶部液态保护渣层。在正滑脱中期（mid-PST）到正滑脱末期（PST 后期），结晶器从平衡位置 T1 运动到波峰 T2 处，结晶器往上运动远离弯月面进入顶部液态保护渣层，结晶器热面温度和热流密度继续降低；进入正滑脱末期（PST 后期），结晶器远离钢水，热面温度和热流密度降低到最小值。这部分实验结果与 Badri 的实验结果相同[78]，实验结果也与 Jonayat 和 Thomas[146]数值模拟计算（基于结晶器参考系）的结果相同。

钢水液面下方（S0），当结晶器从波峰 T2 到波谷 T4，结晶器进一步进入钢水，结晶器热面温度和热流密度开始稍微增加，达最大值后开始减小，这与在钢液附近和钢液上方的结晶器热面温度和热流密度变化趋势相反。这是因为结晶器从弯月面处进一步往下运动到熔池深处，此时对应的铸坯越来越厚，而且结晶器/坯壳间的保护渣可能在进一步结晶（具体分析见 4.2.3 小节和 4.2.4 小节），因此热阻越来越大，所以温度和热流密度减小。

当结晶器从波谷 T4 往上运动到波峰 T2 时，结晶器热面温度和热流密度在正滑脱前期（PST 前期）减小到最小值后开始增大；这是因为随着结晶器往上运动慢慢接近钢水液面，结晶器与钢水之间的热阻在减小。这部分实验结果在 Badri 的研究成果[78]中没有出现，但是与 Jonayat 和 Thomas[146]数值模拟计算（基于结晶器参考系）的结果匹配。一个周期内，不同位置处结晶器热面温度和热流密度被列于表4-3。结晶器表面上的温度（见图4-9（b））滞后于表面热流密度（见图4-9（a）），其中在$y=15$ mm、8 mm、0 mm处结晶器热面温度分别滞后热流密度0.06 s、0.09 s、0.06 s。温度平均滞后热流密度0.075 s，约等于12.5%的结晶器振动周期（0.6 s）。这是个有趣现象，因为温度是个状态量其大小不仅受热流密度也受到传热时间的影响，这与理论计算一致（见2.2节中式（2-2）和式（2-3））：温度和热流密度振动的频率一致，但是温度要比其热流密度滞后1/8周期。当地的温度滞后于当地的热流密度，这一现象同样在Jonayat和Thomas[146]数值模拟结果中被观察到。

表4-3　结晶器不同位置处一个结晶器振动周期内温度和热流的变化

<table>
<tr><td colspan="2">时间</td><td>NST前期→NST中期</td><td>NST中期→NST后期</td><td>PST前期→PST中期</td><td>PST中期→PST后期</td></tr>
<tr><td colspan="2">结晶器振动的位置</td><td>波峰T2→平衡位置T3</td><td>平衡位置T3→波谷T4</td><td>波谷T4→平衡位置T1</td><td>平衡位置T1→波峰T2</td></tr>
<tr><td rowspan="3">钢液面之上</td><td>热流密度</td><td>↓到最小、随后↑</td><td>↑</td><td>↑到最大、随后↓</td><td>↓</td></tr>
<tr><td>温度</td><td>↓到最冷、随后↑</td><td>↑</td><td>↑到最热、随后↓</td><td>↓</td></tr>
<tr><td>变化之因</td><td>结晶器暴露在空气中，随后被熔池加热</td><td>结晶器正在熔池</td><td>结晶器向上振动，随后被空气冷却</td><td>结晶器正在远离熔池，进一步冷却</td></tr>
<tr><td rowspan="3">钢液面</td><td>热流密度</td><td>急剧↑</td><td>↑到最大</td><td>保持、随后↓</td><td>↓到最小</td></tr>
<tr><td>温度</td><td>↑</td><td>↑到最热</td><td>保持、随后↓</td><td>↓到最冷</td></tr>
<tr><td>变化之因</td><td colspan="2">NST期间结晶器下移至钢液，钢弯月面变形靠近结晶器[65]，液态保护渣加速渗入结晶器-坯壳之间的渣道[49]</td><td>结晶器被连续加热，直到它从钢液中出来进入液渣层</td><td>结晶器在远离钢液，进而变冷</td></tr>
<tr><td rowspan="3">坯壳尖端之下</td><td>热流密度</td><td colspan="2">↑到最大、随后↓</td><td colspan="2">↓到最小、随后↑</td></tr>
<tr><td>温度</td><td colspan="2">↑到最热、随后↓</td><td colspan="2">↓到最冷、随后↑</td></tr>
<tr><td>变化之因</td><td colspan="2">结晶器向下振动，结晶器和钢液之间的热阻随着坯壳厚度的增加和渣膜的进一步结晶而增加</td><td colspan="2">结晶器向上移动，此处结晶器与钢液之间的热阻在减小</td></tr>
</table>

注：↑为增大；↓为减小；NST为结晶器负滑脱时间；PST为结晶器正滑脱时间。

图 4-10（a）所示为 2D-IHCP 计算的连铸过程中通过结晶器热面（见图 2-1 中 *AB*）的热流密度变化云图。结晶器热面的热流密度按照结晶器振动频率在振动，在弯月面附近（y 从 3 mm 到 8 mm）处，热流密度大约为 1.0 MW/m^2，并且最大的热流密度为 1.5 MW/m^{2}发生在 55.5 s。一个结晶器振动周期内，5 个不同时刻 52.65 s、52.80 s、52.95 s、53.10 s 和 53.25 s 沿着拉坯方向，结晶器热面的热流密度变化如图 4-10（b）所示。5 个不同时间点 52.65 s、52.80 s、52.95 s、53.10 s 和 53.25 s 标记在图 4-10（a）中，它们分别对应着结晶器振动位置的平衡位置、波峰、平衡位置、波谷和平衡位置。可以看出随着结晶器振动，最大热流密度发生的位置在空间上是变化的，但是其值的波动很小，这表明在弯月面附近钢水到结晶器之间的热阻变化不大。这个实验观察与 Jonayat 和 Thomas[146] 模拟结果一致。

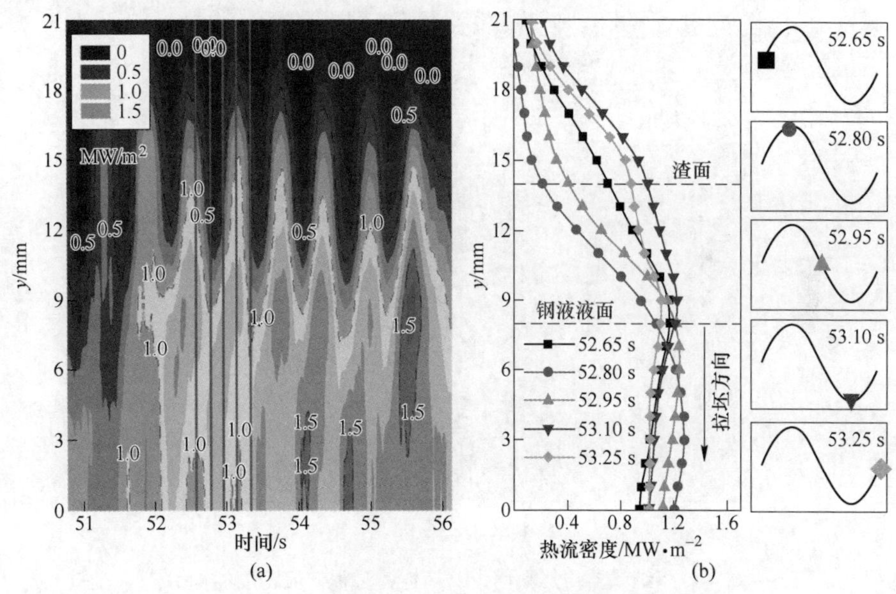

图 4-10 连铸过程中通过结晶器热面的热流密度

（a）热流密度变化；（b）一个振动周期内结晶器弯月面附近的拉坯方向上的热流密度

为进一步分析图 4-10（a）中的结晶器热面的热流密度的波动情况；对热流密度进行 PSD 分析，计算出沿着高度方向、各个地方的热流密度的功率谱密度，再令频率为 x 轴，高度方向为 y 轴，功率谱密度为 z 轴，做出频谱-位置-功率谱密度三者关系的频谱图（见图 4-11，即“结晶器传热频谱指纹”，频谱图制作详见 2.4 节）。在液态保护渣液面附近（S14），热流密度的 PSD 图中，有一个频率为 1.67 Hz 的 PSD 峰值（116.29 dB/Hz），这是结晶器振动（1.67 Hz）引起的热流密度信号，因为此处结晶器在保护渣和空气之间往返振动。在弯月面坯壳的尖端（S3），同样也有一个频率为 1.67 Hz 的 PSD 峰值，其大小为 106 dB/Hz。在钢水液面下方（y<8 mm），高频热流密度（>0.8 Hz）的信号在衰弱，低频热流密度（< 0.8 Hz）的信号在加强；这是因为沿着拉坯方向低频凝固现象在变强。从钢水液面到液态保护渣液面（y 从 8 mm 到 14 mm），热流密度有一个频率为 3.4 Hz 的信号分量，这对应着熔体液面流动的一个分量；这个热流密度信号持续到弯月面坯壳的尖端下方（y<3 mm），这表明坯壳表面生长受到这个熔体液面流动的分量的影响。从钢水液面到液态保护渣液面（y 从 8 mm 到 14 mm），结晶器热面的热流密度还有一个频率为 4.8 Hz 的信号分量，其对应着熔体液面上另一个流动分量；在弯月面坯壳的尖端下方（y<3 mm），频率为 4.8 Hz 的热流密度信号强度在衰减，这意味着这个液面流动的分量对初始凝固的影响很小。

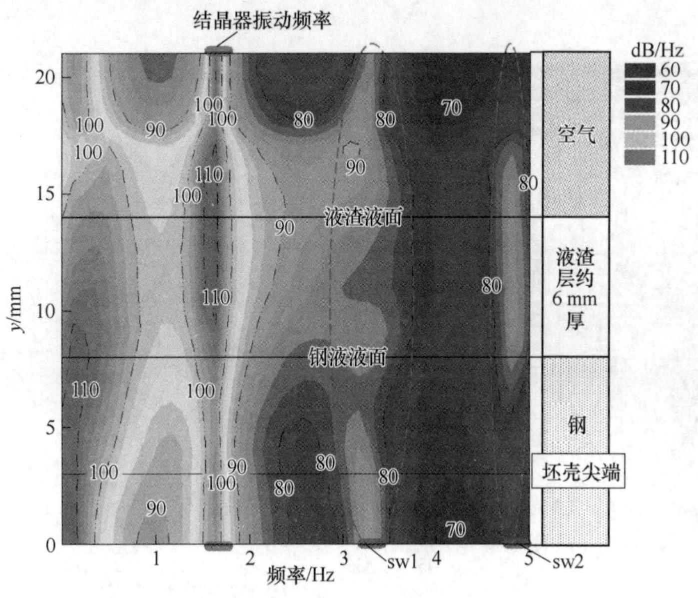

图 4-11 结晶器传热频谱指纹（连铸过程热流密度的 PSD）

4.2.3 坯壳表面形貌和厚度分析

图 4-12 所示为铸坯表面形貌，钢水液面附近（S8）的高频热流密度（q）和高频热流密度的变化速率($\partial q/\partial t$)的关系。在结晶器负滑脱时间内（结晶器往下运动），高频热流密度在迅速上升（因为负滑脱（NST）时，液态保护渣渗入结晶器/坯壳间的量突然增大导致渣道内产生强制对流换热[145]，同时弯月面变形靠近结晶器[65]，因此弯月面加速凝固，热流密度突然上升），同时热流密度的变化速率曲线出现了一个峰值；铸坯表面每一个振痕生成的时候对应着热流密度变化

速率曲线的一个峰值，这表明振痕的形成与负滑脱时间内弯月面附近坯壳在加速凝固、热流密度突然上升有关。振痕形成的 2 个机理[78]：（1）部分弯月面凝固后，随着坯壳往下运动，初始坯壳在钢水静压力的作用下，被推回结晶器侧，形成凹陷型振痕；（2）当坯壳强度足够时不能被推回结晶器侧，随后钢水溢流到凝固坯壳上方，形成凝固钩型振痕。最大热流密度发生在负滑脱末期（NST 后期）或者正滑脱前期（PST 前期），这意味着这个时间内发生了部分凝固的弯月面坯壳在铸坯下行过程中被钢水静压力推回结晶器侧形成凹陷型振痕，或者钢水溢流到凝固坯壳上方后形成凝固钩型振痕。这个实验现象同样存在于 Badri 的实验观察和 Jonayat 和 Thomas 数值模拟结果中[146]。

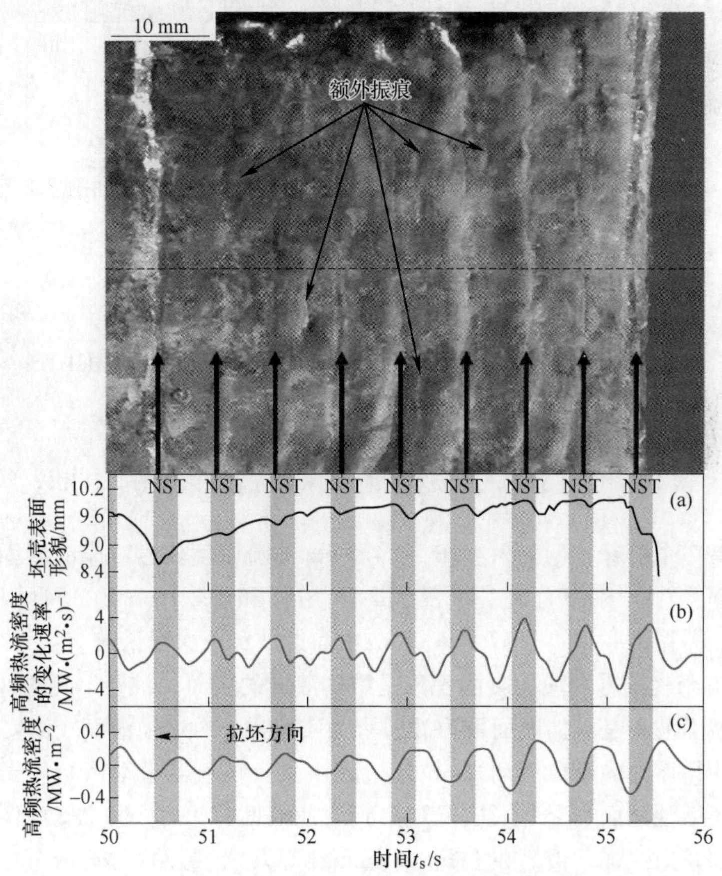

图 4-12 铸坯表面形貌、热流密度和热流密度变化速率的关系

如图 4-13 所示，在频域中比较钢水液面附近的热流密度、热电偶测量温度（钢水液面附近，TC9）和坯壳表面形状。温度的功率谱密度图（见图 4-13（a））、钢水液面附近的热流密度的功率谱密度图（见图 4-13（b））和坯壳

表面轮廓形貌的功率谱密度图（见图 4-13（c））三者非常相似；它们在 1.67 Hz（等于结晶器振动频率）、3.4 Hz 和 4.8 Hz 都有 PSD 峰值；这表明坯壳表面形貌的形成与钢水液面附近的热流密度和温度的变化有直接的关系。三者的频谱图中都存在着 sw1（约 3.4 Hz）峰值和 sw2（约 4.8 Hz）峰值。

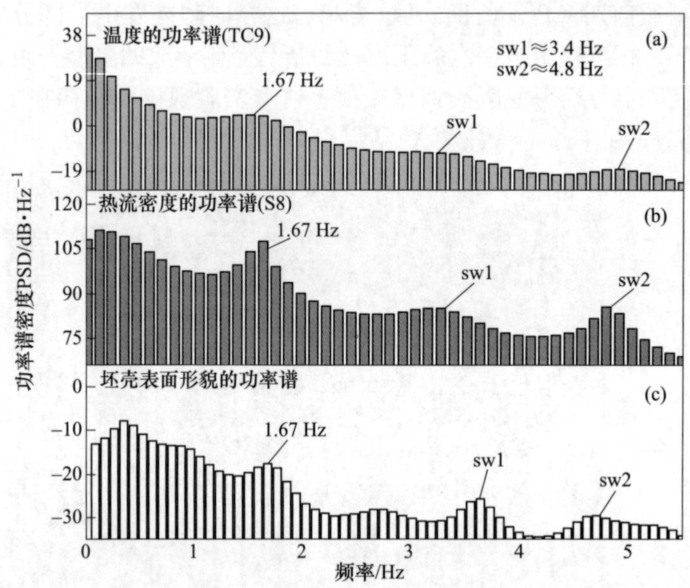

图 4-13　热流密度、热电偶测量温度和坯壳表面形状的 PSD 比较

这里有 2 个解释：（1）3.4 Hz 和 4.8 Hz 热流密度信号对应的凝固现象是熔体液面波动；（2）频率为 3.4 Hz（约 2×1.67）和 4.8 Hz（约 3×1.67）的信号分别是结晶器振动频率（1.67 Hz）的二次简谐波和三次简谐波。如果 3.4 Hz 和 4.8 Hz 热流密度信号对应的凝固现象是熔体液面的表面“波浪”（类似于海浪）；那么熔体液面波动是液体表面重力波；因为实验操作时熔池液面较为安静（没有外来能量使得熔池内液体流动），拉坯过程中只有拉坯器带动初始坯壳往熔池深处移动时，熔池液面在上升（实验观察到熔池液面有 1~2 mm 波动幅度）。这个好比是底部铸造一样，液面在上升。Flemings 等人[36]观察底部铸造过程中，液态金属从底部源源不断地充入铸型中，金属液面会产生表面重力波（波浪），液面在波动中上升，导致铸件表面产生一圈一圈的横向波纹（像地球仪的纬线），因此可以用重力波理论来研究底部铸造液面波动。所以连铸结晶器钢液初始凝固热模拟装置模拟连铸时液面上升时液面的波动同样也可以用重力波理论来研究。根据 Airy 波动理论[204]（见附录 B），液态表面重力波是由一组简单的简谐波浪组

成。由于感应炉的内壁到结晶器表面的距离 L 为 67.5 mm，熔池深度 H 为 200 mm，则满足 $H>L$。因此，表面重力波的简谐波的振动频率 f_{sw} 为：

$$f_{sw} = \sqrt{\frac{g}{2\pi\lambda_g}} \tag{4-1}$$

式中，g 为重力加速度；λ_g 为波长，等于 $2L/1$，$2L/2$，$2L/3$，…。

根据式（4-1）计算得到表面重力波的简谐波的振动频率分别为 3.4 Hz、4.8 Hz、5.9 Hz、…。所以在温度的功率谱密度图（见图 4-13（a））、钢水液面附近的热流密度的功率谱密度图（见图 4-13（b））和坯壳表面轮廓形貌的功率谱密度图（见图 4-13（c））出现的 3.4 Hz 和 4.8 Hz 峰值信号，是由于熔体液面的表面“波浪”产生的。这个实验发现与 Schwerdtfeger 等人[35] 和 Stemple 等人[36] 的研究成果一致；他们认为不仅是热流密度波动对铸坯表面振痕（波痕）的产生有影响，而且液态表面波动对铸坯表面振痕（波痕）产生也有作用。坯壳表面轮廓形貌的功率谱密度图上 1.67 Hz 的信号对应着每一个结晶器振动周期内生成的初始振痕，而 3.4 Hz 和 4.8 Hz 对应着初始振痕之间存在的多余振痕。因此得出结论：铸坯表面多余振痕（见图 4-12）的产生可以归咎于液态表面波动。Nakato 等人[22] 计算（初始）振痕间距时考虑了结晶器液面波动速度 V_{level}，把结晶器液面波动速度引入（初始）振痕间距，其振痕间距 P_{OM} 为：

$$P_{OM} = \frac{V_c - V_{level}}{f} \tag{4-2}$$

当液面上升时初始振痕间距增加，当液面下降时初始振痕间距减少。本次连铸结晶器钢液初始凝固热模拟装置实验过程中，由于缺少测量的实时液面波动数据，因此没有采用式（4-2）计算振痕间距。如果频率为 3.4 Hz(约 2×1.67) 和 4.8 Hz(约 3×1.67) 的热流密度信号分别对应着结晶器振动频率（1.67 Hz）的二次简谐波和三次简谐波。这就意味着，在温度的功率谱密度图（见图 4-13（a））、钢水液面附近的热流密度的功率谱密度图（见图 4-13（b））和坯壳表面轮廓形貌的功率谱密度图（见图 4-13（c））出现的 3.4 Hz 和 4.8 Hz 峰值信号是由结晶器振动造成的；因此一个新的假说需要建立起来，解释结晶器振动通过什么机制导致铸坯表面多余振痕的形成，可能是通过结晶器热流密度波动引起，也可能是通过振动诱导液面共振波动引起。总之，仍然不确定是液面波动还是结晶器振动引起的铸坯表面多余振痕的形成；可能是其中的一个，可能是这两者的复合效果，这需要进一步研究。

图 4-14 所示为统计的振痕间距分布。实验得到的铸坯振痕间距服从高斯分布，其平均值为 5.80 mm、标准偏差为 0.78。振痕间距的分布和 Cramb 和 Mannion [33] 的工业调查及 Badri [77] 的连铸结晶器钢液初始凝固热模拟装置实验结

果对比，发现三者的分布非常相似。同样实验得到的（初始）振痕间距偏离了理论计算的振痕间距 6 mm(V_c/f)，这是因为理论计算振痕间距假设了结晶器液面没有波动，实际连铸过程中，结晶器液面会发生波动，这个不仅发生在工业连铸机上也发生在连铸结晶器钢液初始凝固热模拟装置上。图中尖瘦型的振痕间距直方图也反映出实验过程中液面很安静。

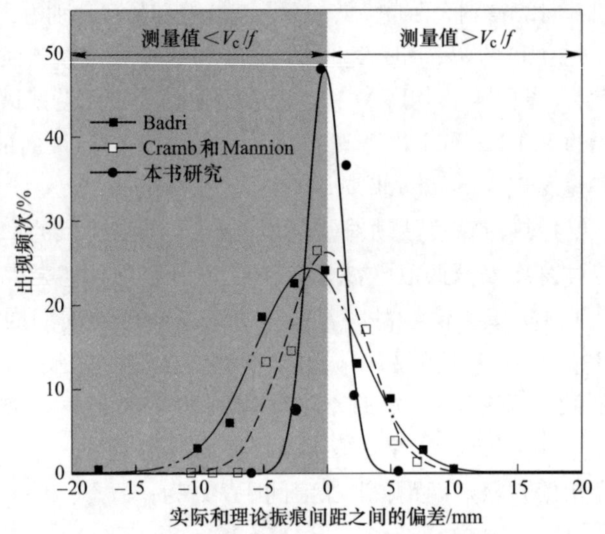

图 4-14　振痕间距的统计分布

图 4-15 所示为测量的坯壳厚度；坯壳厚度（s）生长服从平方根定律，采用平方根函数拟合，$s=K(t_s)^{1/2}$，其中 t_s(min) 为凝固时间，$t_s=l/V_c$（l 为离弯月面坯壳的尖端的距离，V_c 为拉速）。拟合得到整个模拟连铸过程中，凝固系数的平均值 K 为 13.85 mm/min$^{1/2}$(=1.79 mm/s$^{1/2}$)。并且，实时的凝固系数 $K(t_s)$，通过定义公式 $K(t_s)=s(t_s)/(t_s)^{1/2}$ 计算得到，计算发现 $K(t_s)$ 不是一个常数，其中弯月面附近生长坯壳对应的 $K(t_s)$ 最大为 19.6 mm/min$^{1/2}$，这是因为弯月面附近二维传热效应的作用（竖直方向和水平方向传热 x 轴和 y 轴）。

弯月面坯壳的尖端下方 0~12 mm 处，$K(t_s)$ 迅速减少，这表明随着坯壳的下行，弯月面的二维传热效应在减小，结晶器与钢水之间的热阻在增大（由于坯壳生长、坯壳凝固收缩产生铸坯/结晶器之间间隙，渗入的保护渣凝固结晶，产生保护渣与结晶器之间的气隙）[88,128,205]。接着在弯月面坯壳的尖端下方 12~36 mm，$K(t_s)$ 到达一个稳定的值 13.85 mm/s$^{1/2}$，这是因为渗入结晶器/坯壳间保护渣厚度变化很小。弯月面坯壳的尖端下方 36~45.2 mm，$K(t_s)$ 减小后在 45.2~48 mm 处增大，这是因为在 45.2 mm 处对应着一个横向凹陷，凹陷处填充了更厚的结晶器保护渣，降低了当地的传热速率。

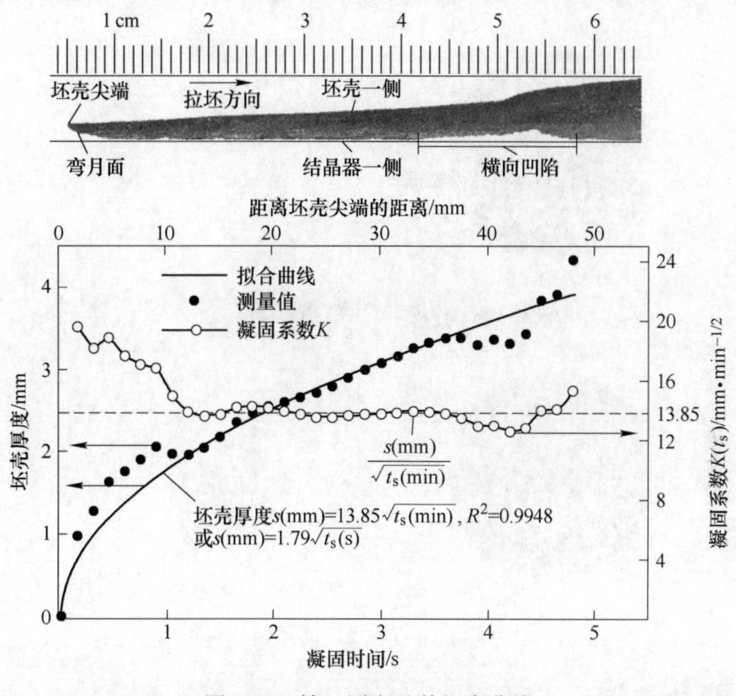

图 4-15 铸坯厚度及其拟合曲线

4.2.4 结晶器与坯壳间渣膜结构

图 4-16 所示为结晶器与铸坯之间的渗入保护渣形貌。与铸坯接触的保护渣表面附着着一层薄薄的透明的玻璃层（这是靠近铸坯的液态渣膜在实验结束后由于快速凝固而生成的）；与结晶器接触的保护渣表面很粗糙，这是最初渗入结晶器/铸坯间的液态保护渣凝固收缩、热变形和结晶等行为造成的。

图 4-17 所示为测量的热电偶上方结晶器/铸坯间渗入保护渣的厚度，保护渣渣膜厚度为 1.40~2.46 mm。保护渣渣膜在振痕和坯壳表面凹陷处对应的渣膜厚度更厚。在弯月面坯壳尖端，渣膜厚度为 2.4 mm，沿着拉坯方向在坯壳尖端下方 1~4 mm 处，渣膜厚度迅速降低（与弯月面形状有关系）；在坯壳尖端下方 4~34 mm 处，渣膜围绕着 1.6 mm 的基线在波动，这里的波动与坯壳表面形成振痕有关系；在坯壳尖端下方 34~48 mm 处，坯壳表面有一个大横向凹陷（见图 4-15），因此渣膜变厚，最厚达 2.46 mm。图 4-18 所示为弯月面坯壳尖端下方 6 mm、28 mm和 42 mm 处分别取出结晶器/铸坯间的渣膜，在镶样和抛光后，拍摄的电子扫描显微镜 SEM 图。渣膜中的晶体发生了取向生长，生长方向由结晶器水平指向铸坯，这是因为结晶器（100~300 ℃[106]）与铸坯（1300~1500 ℃）之间存在着一个大的温度差，渗入结晶器/铸坯间的液态保护渣在大的温度梯度

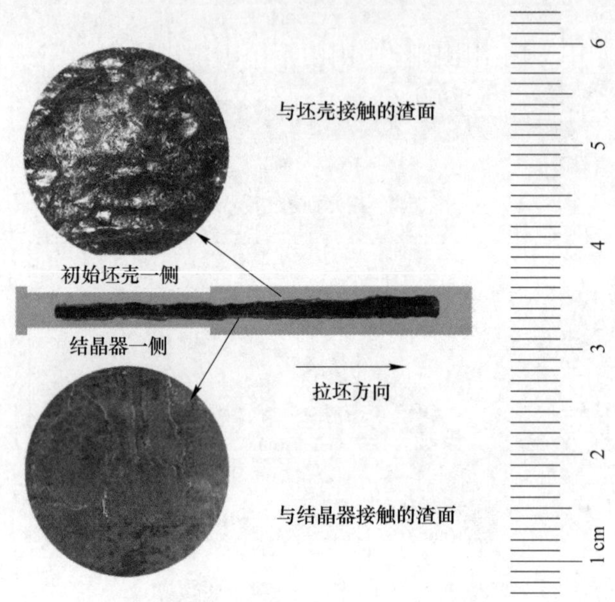

图 4-16 结晶器与铸坯之间的渗入保护渣

环境下，晶粒会取向生长。渣膜内，靠近结晶器端的晶体要比靠近铸坯端的晶体小，这是因为靠近结晶器端保护渣快速凝固，导致晶粒变细；沿着拉坯方向，结晶器上部的渣膜内的晶体要比结晶器下部的渣膜内的晶体小，这是因为在结晶器下部渣膜内的晶体经历了更多时间去长大。因此，通过连铸结晶器钢液初始凝固热模拟装置研究发现铸坯与结晶器之间渗入的结晶器保护渣是动态结晶过程。

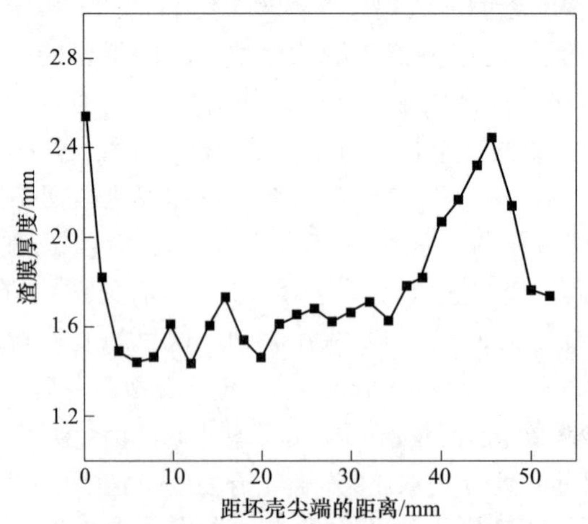

图 4-17 测量的结晶器与铸坯之间的渗入保护渣厚度

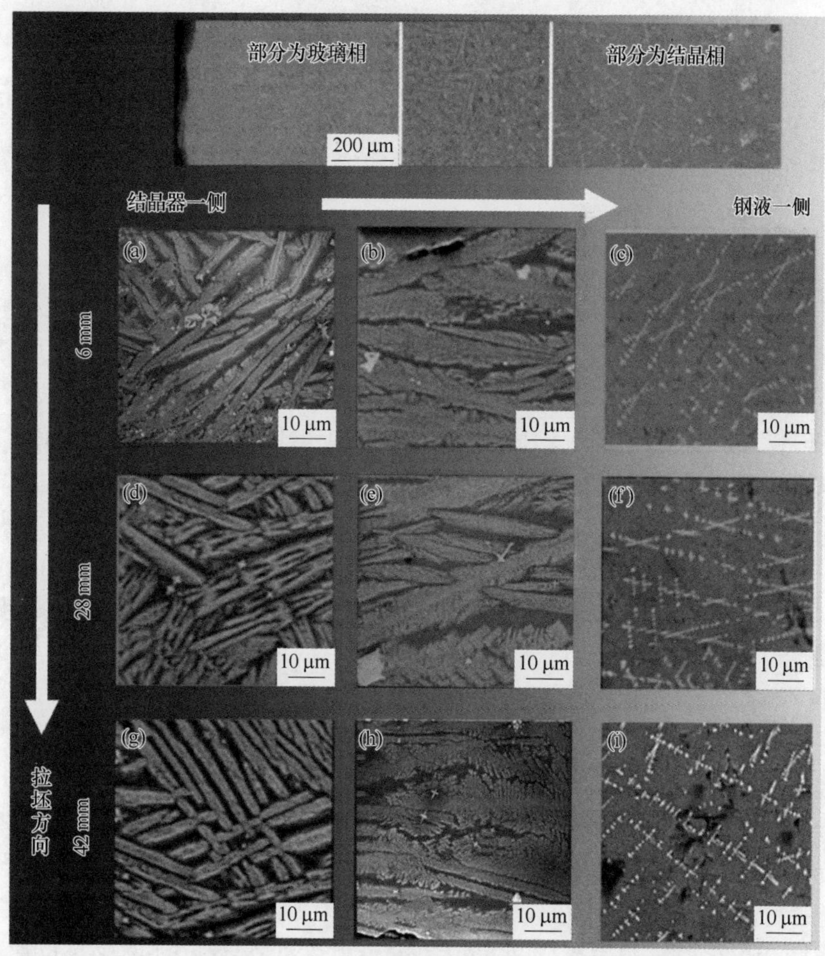

图 4-18 结晶器保护渣渣膜的 SEM 分析

(a)~(c) 弯月面坯壳尖端下方 6 mm 处；(d)~(f) 弯月面坯壳尖端下方 28 mm 处；(g)~(i) 弯月面坯壳尖端下方 42 mm 处

5 结晶器参数对初始坯壳凝固的影响

使用连铸结晶器钢液初始凝固热模拟装置技术研究了结晶器振动频率、振幅和弯月面波动对初始凝固时温度、热流密度、结晶器/铸坯间保护渣渗入和坯壳表面形貌的影响。结果表明，如果结晶器液面稳定，铸坯表面产生等距的振痕，同时结晶器负滑脱时间内，弯月面的结晶器表面热流密度迅速增加，每一个振痕生成的时候对应着热流密度变化速率曲线的一个峰值。如果结晶器液面不稳定，铸坯表面出现不规则的振痕（皱褶、凹陷），负滑脱时间内高频热流密度变化没有规律。结晶器液面上升时，铸坯表面产生间距更大的深振痕；但结晶器液面下降时，铸坯表面产生间距更小的浅振痕。结晶器振动频率增大时，平均的低频热流密度增加；结晶器振动幅度增大时，平均的低频热流密度减小；并且高频温度和高频热流密度的变化幅度随着结晶器振动频率的增加（或者振动幅度的减小）而减小。

5.1 实验过程和参数

连铸结晶器钢液初始凝固热模拟装置模拟连铸时，结晶器内的热电偶安装如图 2-1 所示，实验过程中温度采集速率为 60 Hz，实验过程详见第 2 章。本章中采用连铸结晶器钢液初始凝固热模拟装置进行了 5 次不同的实验（拉速 V_c 为 10 mm/s），每次实验连铸结晶器钢液初始凝固热模拟装置都模拟了 5.5 s 的连铸过程；其中 E4 实验为第 4 章所述的连铸结晶器钢液初始凝固热模拟装置实验。研究了结晶器振动频率（E1(1.0 Hz)，E2(1.67 Hz) 和 E3(2.17 Hz)）、振幅（E2(行程 6 mm，1.67 Hz，1542 ℃）和 E4(行程 10 mm，1.67 Hz，1550 ℃)）和结晶器液面（E7）波动对结晶器内初始凝固现象的影响。保护渣成分，结晶器振动频率、振幅，负滑脱时间 NST，正滑脱时间 PST 和钢种见表 5-1 ~ 表 5-3。其中，浇铸温度（melt temperature）是在连铸结晶器钢液初始凝固热模拟装置运行前测量的；测量钢水温度使用的是钨铼快速热电偶，其误差为±5 K。由于连铸结晶器钢液初始凝固热模拟装置模拟连铸过程发生在实验过程的第Ⅲ阶段（持续 5.5 s），因此本章主要研究连铸结晶器钢液初始凝固热模拟装置第Ⅲ阶段，即连铸过程中的初始凝固现象。

表 5-1 保护渣成分（质量分数）

成分	CaO/%	SiO_2/%	Al_2O_3/%	MgO/%	Na_2O/%	Li_2O/%	F/%	Fe_2O_3/%	碱度
M1	35.5	33.7	7.2	1.2	8.2	0.8	8.6	1.5	1.05
M3	36	37.5	6	3	6.5	0.5	6	—	0.96

表 5-2 结晶器振动参数和浇铸参数

实验	钢种	保护渣	浇铸温度/℃	结晶器振动频率 f/r · min^{-1}	结晶器振动行程 2A/mm	负、正滑脱时间 NST+ PST
E1	LC	M1	1548(1821.15 K)	60(1.0 Hz)	6	0.32 s+ 0.68 s
E2	LC	M1	1542(1815.15 K)	100(1.67 Hz)	6	0.24 s+ 0.36 s
E3	LC	M1	1554(1827.15 K)	130(2.17 Hz)	6	0.19 s+ 0.27 s
E4	LC	M1	1550(1823.15 K)	100(1.67 Hz)	10	0.26 s+ 0.34 s
E7	ULC	M3	1555(1828.15 K)	122(2.03 Hz)	6	0.20 s+ 0.29 s

注：拉坯速度 V_c 为 10 mm/s。

表 5-3 钢种成分 (%)

钢种	化学成分（质量分数）				
	C	Si	Mn	P	S
低碳钢 LC	0.08	0.03	0.40	0.02	0.02
超低碳钢 ULC	0.0011	0.004	0.107	0.0093	0.0048

5.2 实验结果与讨论

5.2.1 结晶器振动频率对初始凝固的影响

5.2.1.1 连铸过程中结晶器热面温度和热流密度

使用连铸结晶器钢液初始凝固热模拟装置对低碳钢进行了 3 次实验：E1(结晶器振动频率 1.0 Hz)、E2(结晶器振动频率 1.67 Hz) 和 E3(结晶器振动频率 2.17 Hz)，研究了连铸结晶器振动频率对结晶器内初始凝固的影响。E1、E2 和 E3 的其他连铸参数：拉速、浇铸温度、结晶器振动行程、保护渣和钢种成分列于表 5-1~表 5-3 中。

图 5-1 所示为把 E1 实验的温度传入 2D-IHCP 中反演得到的，连铸过程中结晶器热面（见图 2-1 的 AB）温度变化和热流密度，以及热流密度的 PSD 分析。在 E1 实验中观察到，连铸时钢水液面在围绕着 S13 附近做明显的水平方向和竖

直方向上的波动（S13 指结晶器热面 y 坐标值为 13 mm 的地方，其中 S 表示结晶器热面，数字 13 表示 y(mm) 坐标值，SB 位于图 2.1 所示的 S12 与 S15 之间）。考虑到结晶器液面波动情况，为了方便分析，把 S13 看成是钢水液面位置。（1）在钢水液面（S13）的下方，连铸刚开始时，第Ⅱ阶段（第 2 章，结晶器进入钢水后要停留一段时间以生成足够厚度的坯壳，防止连铸时被拉断造成模拟连铸不成功）形成的坯壳被拉坯器拉动往下移动时，钢水重新接触结晶器热面，结晶器热面温度和热流密度在增加（见图 5-1（a）和（b））。（2）0.8~1 s 后结晶器热面温度和热流密度在减小。这是因为此时结晶器液面显著波动和液态保护渣渗入结晶器/坯壳之间（E1 的平均渣膜厚度大于 E2 和 E3 的，见表 5-4），考虑到 E1 的负滑脱时间 NST 和正滑脱时间 PST 分别大于 E2 和 E3 的；渗入结晶器/坯壳间隙的液态保护渣马上靠着结晶器凝固、析晶和变形，这样结晶器/坯壳间会产生热阻（研究发现结晶器/坯壳间的渗入渣膜越厚，结晶器与坯壳之间的热阻越大[128,206]）。（3）当钢水对结晶器的加热效果大于结晶器/坯壳热阻时（可能渣膜重新渗入，或者断裂），在钢水液面（S13）的下方的结晶器热面温度和热流密度重新增大。（4）结晶器热面温度和热流密度达到一个相对稳定的状态（和工业结晶器稳定拉坯时，结晶器热面温度和热流密度达到相对稳定一样[96,165,207]），这是因为随着连铸的进行（开浇过后）结晶器温度场、保护渣渗入结晶器/铸坯间、坯壳凝固生长、结晶器被液相流动达到了一个相对稳定的状态。

如图 5-1（b）所示，连铸过程中，弯月面附近通过结晶器表面的热流密度随着结晶器振动而振动（振动频率和结晶器振动频率一样，热流密度波动在 5.2.1.2 小节进一步分析），在钢水液面附近通过结晶器表面的热流密度大约是 1.0 MW/m^2。连铸开浇 5 s 后，结晶器表面最高温度（370 K，97 ℃）和最大热流密度(1.79 MW/m^2）发生在 S8，即钢水液面下方 5 mm 处。最高温度和最大热流密度的位置通常位于结晶器弯月面下方，这个实验结果和 Brimacombe 等人[207]在工业结晶器上的测量和 Thomas[146]的数值模拟结果一致。在 1.5~4 s 内，结晶器中 S18 到 S21 的位置的结晶器热面温度和热流密度发生着明显的波动，这与这段时间内看到的结晶器液面波动明显一致。图 5-1（c）所示为结晶器热面的热流密度（见图5-1（b））的PSD 分析，从频谱图中可以看出，在钢水液面（S13）附近，热流密度有一个1 Hz（等于结晶器振动频率）的 PSD 峰值（峰值大小为 108.4 dB/Hz），即存在强度很高且等于结晶器振动频率的高频热流密度，这是由于振动的结晶器往返进入熔池引起的。在钢水液面（S13）下方，低频热流密度（< 0.5 Hz，即小于 E1 结晶器振动频率的 1/2）在加强，而 1 Hz（等于结晶器振动频率）的高频热流密度信号在减弱，这说明结晶器振动对钢水凝固传热的影响主要作用在结晶器液面附近，很难沿着拉坯方向，传播到远离结晶器液面的结晶器下部，低频（长时间程）的凝固现象（钢水凝固收缩和坯壳非均匀凝固）在变强。

E2(结晶器振动频率为 1.67 Hz）实验中，连铸时钢水液面在围绕着 S14 附

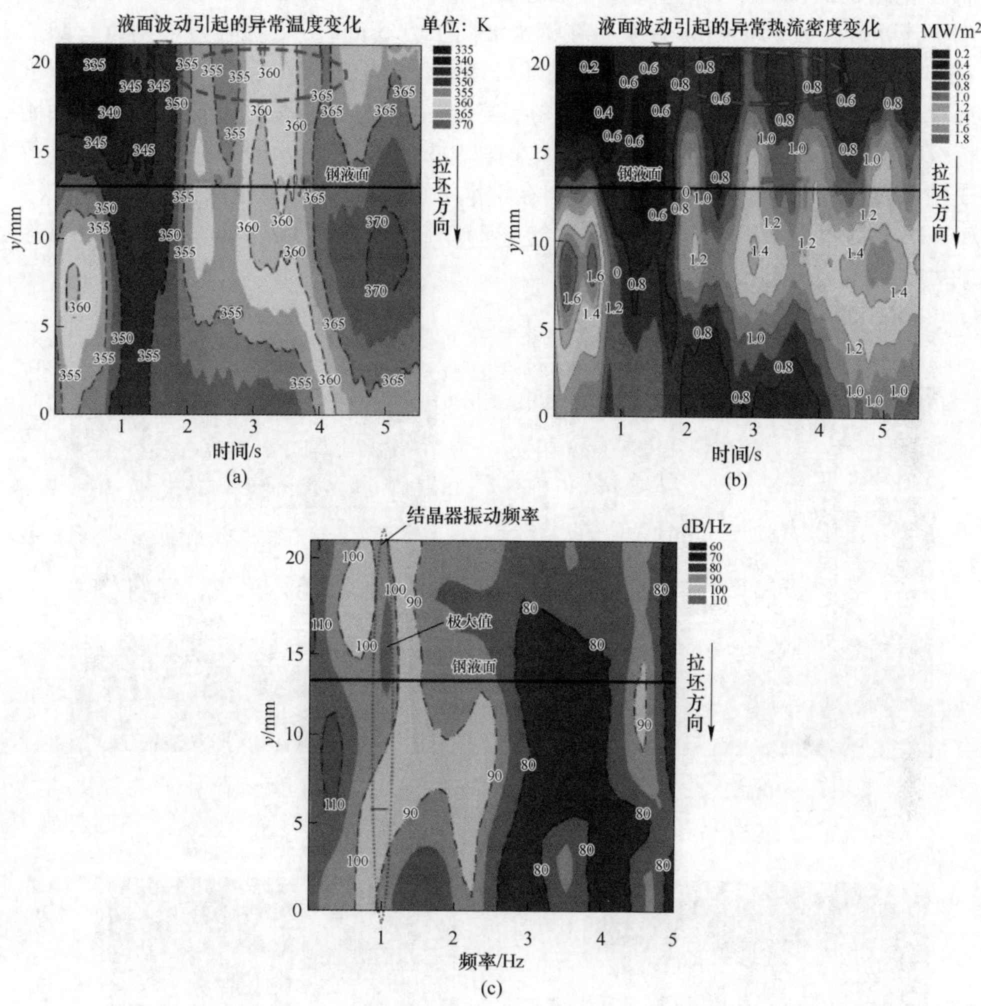

图 5-1 E1 实验连铸过程中结晶器热面温度、热流密度及热流密度的 PSD 分析

（a）结晶器热面温度；（b）结晶器热面的热流密度；（c）热流密度的 PSD 分析

近做明显的波动，液面波动与拉坯器拉动凝固的坯壳往下运动、结晶器振动和较低的浇铸温度（1815 K）有关系；E1 和 E2 实验中连铸结晶器钢液初始凝固热模拟装置实验仪器操作条件相同，但是得出 2 个完全不一样的结晶器液面波动情形。实验参数（浇铸温度、结晶器振动）不同导致的 2 个截然不同的结果，这也是通常所称的连铸的“蝴蝶效应”：连铸过程本身是一个高度瞬态（高温、多相、瞬时、湍流流动、化学反应等）的过程，连铸参数发生小小的变化，会导致不同的结果，例如一个发生漏钢，另一个则顺利进行[208]。与 E1 比较，在钢水液面下方 E2 的结晶器热面的热流密度开始上升，然后增加到一个相对稳定的状

态（见图 5-2（a））；E2 达到稳定状态后，热流密度大约为 1.3 MW/m²，而最大的热流密度（1.5 MW/m²）发生在钢水液面下方 5 mm 处。在弯月面附近，热流密度以一个频率 1.67 Hz（等于结晶器振动频率）在波动；因此从 E2 热流密度 PSD 分析中可以看出（见图 5-2（b）），在结晶器振动频率的位置，钢水液面附近（S14）有一个 PSD 峰值（峰值大小为 106.9 dB/Hz），即存在强度很高且等于结晶器振动频率的高频热流密度。在钢水液面下方（S14），低频热流密度（< 0.8 Hz，即小于 E2 结晶器振动频率的 1/2）在加强，而 1.67 Hz（等于结晶器振动频率）的高频热流密度信号在减弱。

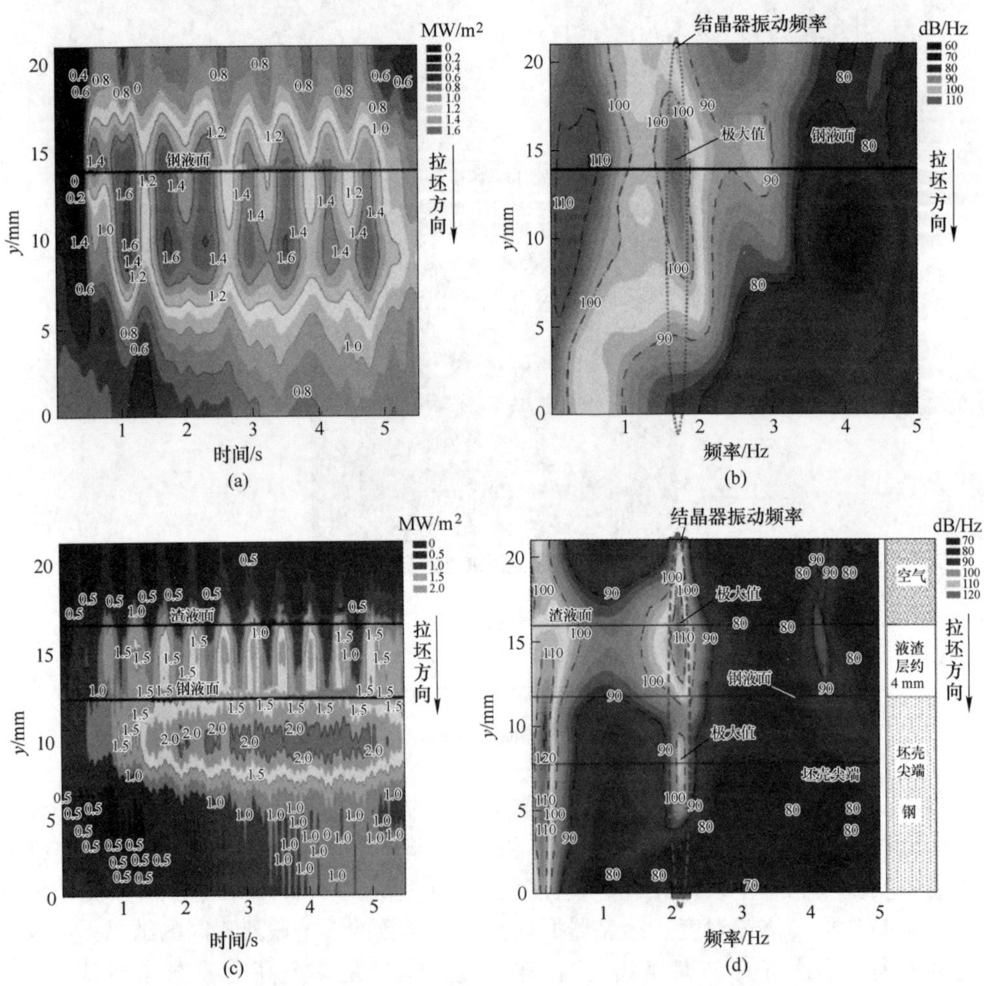

图 5-2　E2 和 E3 实验中连铸过程中结晶器热流密度变化及其 PSD 分析

（a）E2，热流密度；（b）E2，热流密度的功率谱；（c）E3，热流密度；（d）E3，热流密度的功率谱

E3(结晶器振动频率为 2.17 Hz) 实验中，结晶器液面开始的时候发生着显著的波动，随后结晶器液面保持相对的稳定。在弯月面附近，热流密度以 2.17 Hz 的频率波动（见图 5-2（c））；这个频率与结晶器的振动频率相同。E3 达到稳定状态后，钢水液面附近热流密度大约为 1.5 MW/m^2，而最大的热流密度（约 2.0 MW/m^2）发生在 S9 大约钢水液面下方 3 mm 处。对 E3 热流密度的 PSD 分析（见图 5-2（d）），发现在 2.17 Hz（等于结晶器振动频率在振动）处，有两个明显的 PSD 峰值，一个峰值（115.3 dB/Hz）对应着钢水液面位置(S16)，另外一个（105.3 dB/Hz）对应着弯月面坯壳的尖端（S8）。这表明弯月面坯壳的尖端的生成与结晶器振动有很大的相关性。在钢水液面下方（S12），低频热流密度（< 1 Hz，即小于 E2 结晶器振动频率的 1/2）在加强，高频热流密度（>1 Hz）的信号在减弱。以此为原理，热流密度的 PSD 频谱分析可以用来测定结晶器液态保护渣层液面的位置和初始凝固坯壳的位置。由结晶器液面波动引起的弯月面处结晶器热流密度瞬态波动没有传播到结晶器下部，这与 O′Malley 教授在中薄板坯连铸结晶器上观察的热流密度变化一致[108]。

5.2.1.2 弯月面处温度和热流密度变化

图 5-3 所示为实验 E1、E2、E3 和 E7 连铸过程中弯月面处测量的结晶器温度、2D-IHCP 反演的结晶器热面温度和热流密度。TC3 和 TC8 分别表示在水平方向上，结晶器内距离结晶器热面 3 mm 和 8 mm 处热电偶的温度。正如期望的一样，同一水平位置处结晶器热面温度大于结晶器内距离表面 3 mm 处的温度，也更大于距离表面 8 mm 处的温度；同时表面温度波动的幅度最大，其次是结晶器内距离表面 3 mm 处的温度，最后是距离表面 8 mm 处的温度。采用 FFT 数字滤波器把图 5-3 中弯月面处的热流密度和温度分解成高频信号和低频信号；高频和低频的区分阈值设定为当次实验的结晶器振动频率的一半，即设置 E1、E2 和 E3 的高频/低频分界阈值分别为 0.5 Hz、0.8 Hz 和 1.0 Hz。

图 5-4 所示为低频热流密度，它们对应着结晶器内发生在长时间程上的初始凝固现象，例如铸坯凝固收缩、铸坯非均匀生长[78]。当低频热流密度接近稳态阶段时（1.5 ~ 5.5 s），其 E1、E2 和 E3 的低频热流密度分别围绕着平均值 1.0 MW/m^2、1.3 MW/m^2、1.5 MW/m^2（基线）做长时间程上的波动，且它们的标准差 σ_{hf} 列于表5-4。进入稳态阶段的低频热流密度的标准差 σ_{hf}，可以用来估计结晶器钢水凝固传热的均匀性。小的标准差 σ_{hf} 意味着结晶器热流密度波动小，即传热更均匀；例如，与 E3(σ_{hf} 为 0.0388）相比，E1 和 E2 的 σ_{hf} 分别为 0.0524 和 0.0713，因此它们对应着大的热流密度波动。

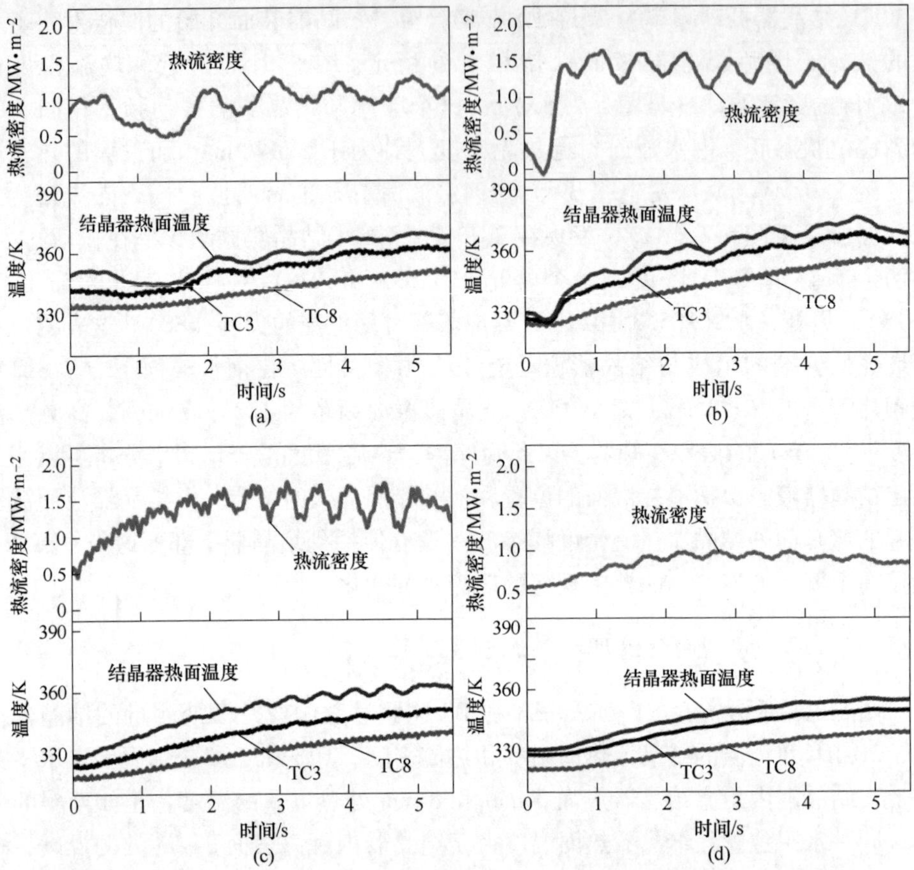

图 5-3　连铸过程中弯月面处测量的结晶器温度、反演的结晶器热面温度和热流密度

（a）E1；（b）E2；（c）E3；（d）E7

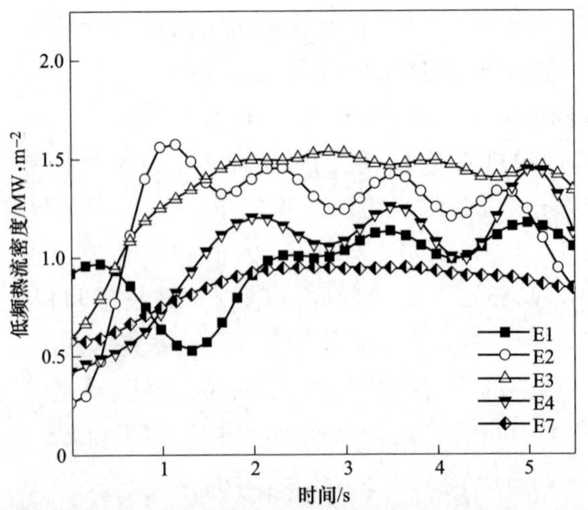

图 5-4　不同实验中连铸过程中弯月面处的低频热流密度

表 5-4 实验测量的热流密度、温度、振痕和凝固系数

实验编号		E1	E2	E3	E4	E7
弯月面处最大的热流密度/MW · m^{-2}		1.79	1.59	2.0	1.50	1.22
弯月面处低频热流密度的基线及其标准差 σ_{hf}/MW · m^{-2}		1.0 0.0524	1.3 0.0713	1.5 0.0388	1.1 0.0481	0.9 0.0328
波动大小	弯月面处高频热流密度/MW · m^{-2}	0.23	0.21	0.19	0.24	0.05
	弯月面处高频温度/K	2.6	2.3	2.0	2.8	0.7
振痕	振痕间距的理论值 V_c/mm	7	6	4.6	6	4.91
	测量的振痕间距/mm	—	—	4.52	5.80	5.62
	测量的振痕深度/mm	—	—	0.23	0.16	0.49
保护渣渣膜的厚度及其标准差 σ_{sl}/mm		1.60 0.1998	1.50 0.2906	1.45 0.2595	1.76 0.2793	1.48 0.3297
坯壳凝固系数 K		12.34	14.10	13.79	13.85	—

图 5-5（a）所示为测量的在结晶器热面上方的铸坯厚度。铸坯厚度生长（s）服从平方根定律：

$$s = K_i \times t_s^{1/2}, t_s = l/V_c$$

式中，l 为距弯月面坯壳的尖端的距离；V_c 为拉坯速度；K_i 为实验 E_i 的坯壳生长的凝固系数。

E1、E2 和 E3 实验中对应的坯壳厚度的平均凝固系数分别为 K_1(12.34 mm/min$^{1/2}$)、K_2(14.10 mm/min$^{1/2}$) 和 K_3(13.79 mm/min$^{1/2}$)。

坯壳厚度是（低频）热流密度和浇铸温度的函数（拉速一定时）；E2 和 E3 低频热流密度比 E1 的大，因此 K_1 最小；E2(1815 K) 的浇铸温度小于 E3(1827 K) 的，因此 K_2 最大。

图 5-5（b）所示为测量的结晶器中心线上方渗入铸坯/结晶器间的保护渣厚度（保护固态渣膜和液态渣膜）。E1、E2 和 E3 实验中渗入的渣膜厚度范围分别为 1.1~2.5 mm、1.0~3.3 mm 和 1.2~2.7 mm，在振痕和坯壳表面凹陷处的渣膜更厚。弯月面坯壳尖端下方 10~50 mm 处（远离弧形的弯月面），E1、E2 和 E3 实验中渗入铸坯/结晶器间保护渣的平均厚度及其标准差 σ_{sl} 列于表 5-4 中：E1、E2 和 E3 实验中结晶器振动的频率分别为 1 Hz、1.67 Hz 和 2.17 Hz，其渗入铸坯/结晶器间保护渣平均厚度分别为 1.60 mm、1.50 mm 和 1.45 mm，这表明随着结晶器频率的增大，渣膜厚度在减小。换句话说，渗入铸坯/结晶器间保护渣平均厚度随着正滑脱时间 PST 或负滑脱时间 NST 的增加而增加，因为 E1、E2 和 E3 实验中结晶器振动的正滑脱时间 PST 分别为 0.68 s、0.36 s 和 0.27 s，负滑脱时间 NST 分别为 0.32 s、0.24 s 和 0.19 s。随着频率的增加，更少的保护渣渗入结晶器/铸坯间，保护渣渣膜变薄，从而导致更小的结晶器/铸坯间的热阻[88,128,205]，

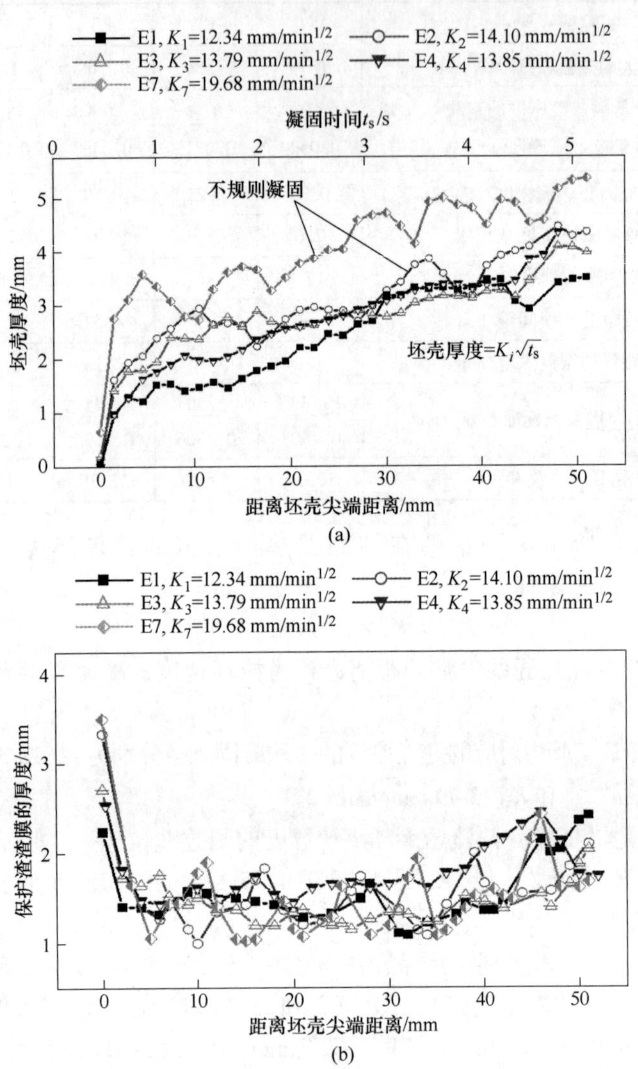

图 5-5　测量的铸坯厚度和渗入铸坯/结晶器间保护渣厚度
（a）铸坯厚度；（b）渗入铸坯/结晶器间保护渣厚度

因此频率增加时，保护渣渣膜变薄（E1、E2 和 E3 渣膜平均厚度 1. 60 mm、1. 50 mm 和1. 45 mm），低频热流密度会变大（E1、E2 和 E3 的低频热流密度的平均值为 1. 0 MW/m^2、1. 3 MW/m^2 和 1. 5 MW/m^2，见图 5-5（b）和表 5-4）。同样，小的保护渣厚度的标准偏差 σ_{sl} 意味着保护渣更均匀地渗入铸坯/结晶器间和坯壳生长。例如，与 E3（σ_{sl}为 0. 2595）比较，E2 渗入铸坯/结晶器间和坯壳生长更均匀，其 σ_{sl}为 0. 2906。

5.2.1.3 铸坯表面形貌、热流密度、温度和结晶器振动的关系

图5-6所示为实验E1、E2和E3中，铸坯表面和结晶器振动（L_1）在弯月面附近的高频热流密度变化速率（L_2）、高频热流密度（L_3）和高频温度（L_4）的关系，其中灰色区域表示结晶器负滑脱时间NST。首先，从高频热流密度（L_3）和高频温度（L_4）中可以看到，随着频率的增加高频热流密度和高频温度的波动幅度都在降低。E1、E2和E3的结晶器振动频率分别是1 Hz、1.67 Hz和2.17 Hz，而对应的高频温度波动幅度分别为2.6 K、2.3 K和2.0 K，高频热流密度波动幅度0.23 MW/m^2、0.21 MW/m^{2}和0.19 MW/m^2。高频热流密度（L_3）和高频温度（L_4）变化很快，它们对应着连铸结晶器内钢水初始凝固时发生在短时间程上凝固现象，例如振痕的形成、部分弯月面快速凝固释放大量的热量、保护渣渗入结晶器/铸坯间。提高结晶器振动频率，使得结晶器在往下运动处于熔池内的时间变短，因此更少的热量会传入水冷结晶器，从而导致更小的温度和热流密度波动幅度。这个实验结果和Lopez等人[49,144-145]数值模拟的结果一致：提高结晶器频率（正滑脱时间NST和负滑脱时间PST都降低），会导致更少的液态保护渣消耗[144]，进而结晶器负滑脱时间内、结晶器/铸坯间液态保护渣渗入量变少，渣道内液态保护渣对初始坯壳（弯月面）的对流换热能力降低，于是热流密度波动幅度减少[49]。

E1弯月面坯壳的尖端是波浪形的（见图5-6（a）），并且表面都很褶皱（ripples），这是由于连铸时结晶器液面波动造成的（观察到E1实验液面在水平方向和竖直方向波动）。E2弯月面坯壳的尖端也是波浪形的（见图5-6（b）），且坯壳表面都是波浪形的皱褶，结晶器负滑脱时间内，高频热流密度做无规则的变化，这也对应着坯壳的非均匀生长、结晶器/铸坯间保护渣非均匀渗入（见图5-5）。E3弯月面坯壳的尖端非常整齐（这是结晶器液面相对稳定的结果），同时坯壳表面有2种振痕（见图5-6（c））：一种是等距、平行的非常容易辨别的振痕（well-defined oscillation marks），另一种是不整齐、不规则难以分辨的振痕或凹陷（poorly defined oscillation marks）。E1和E2，以及E3连铸开始的时候，弯月面不稳定，在结晶器负滑脱时间NST内高频热流密度（L_3）和热流密度变化速率变化曲线（L_2）变化没有规则，有的上升有的下降；坯壳表面形成不整齐，不规则难以分辨的振痕或凹陷。一旦结晶器液面趋于稳定，高频热流密度（L_3）在结晶器负滑脱时间NST内都是上升的，并且热流密度变化速率变化曲线（L_2）的最大值出现在NST内；坯壳表面形成等距、平行的非常容易辨别的浅振痕。E3铸坯表面的振痕的平均振痕间距为4.52 mm，振痕平均深度0.23 mm，其理论振痕间距4.6 mm(V_c/f) 列于表5-4中。

连铸结晶器钢液初始凝固热模拟装置实验中得到了2种铸坯表面。第一种，

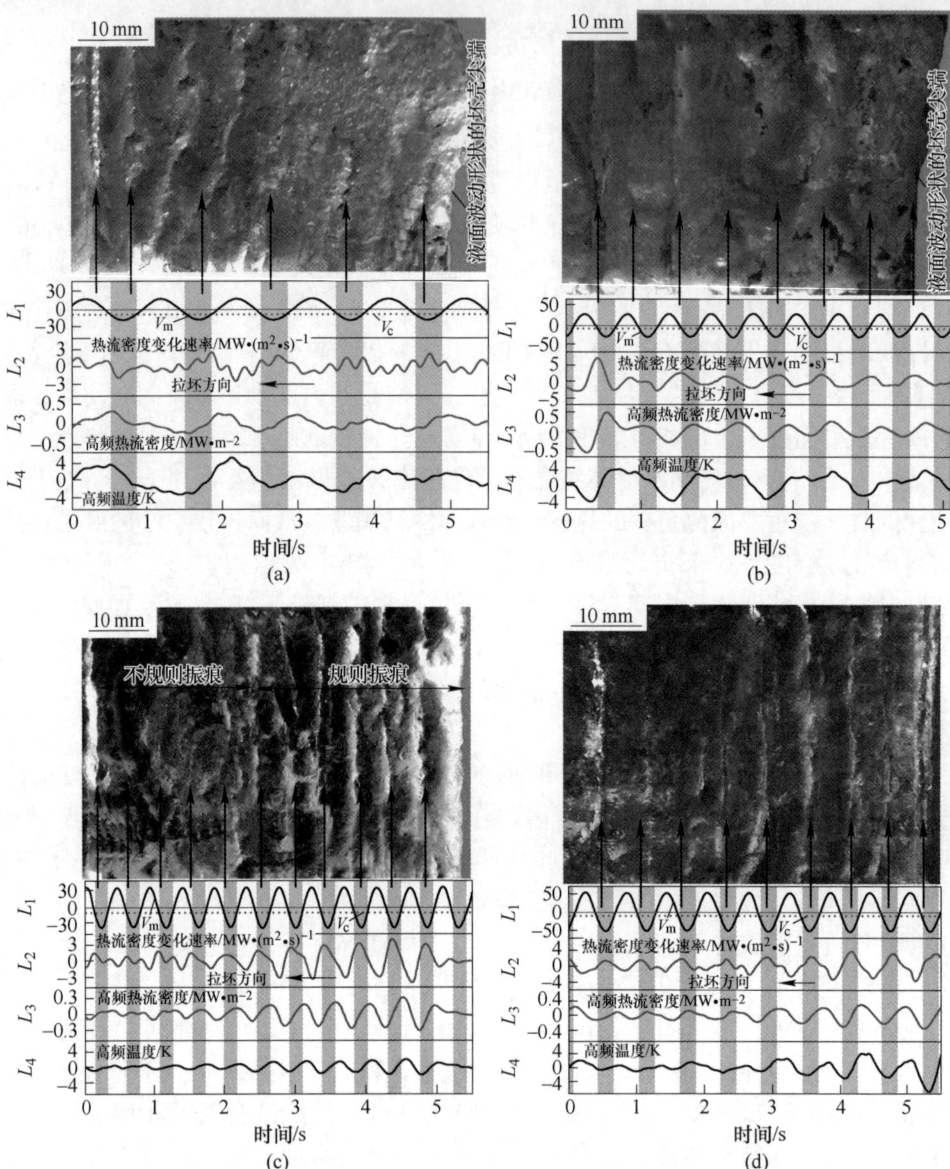

图 5-6　铸坯表面和结晶器振动速度（L_1）与弯月面的附近高频热流密度变化速率（L_2），高频热流密度（L_3）和高频温度（L_4）的关系

（a）E1；（b）E2；（c）E3；（d）E4

当结晶器液面稳定时，例如 E3 实验的 2.5～5.5 s，坯壳表面形成等距、平行的非常容易辨别的浅振痕，同时弯月面热流密度在负滑脱时间内突然上升，铸坯表面上每一个振痕生成的时候对应着热流密度变化速率曲线的一个峰值，这表明振

痕的形成与负滑脱时间内热流密度突然上升有关。第二种，当结晶器液面不稳定时，坯壳表面是不整齐、不规则、难分辨的振痕、凹陷或皱褶，结晶器负滑脱时间内，高频热流密度（L_3）和热流密度变化速率变化曲线（L_2）变化没有规律，例如 E1 和 E2 的坯壳表面，同时由于显著的结晶器液面波动存在，弯月面坯壳的尖端呈波浪形状。

总之，初始坯壳凝固受到结晶器液面波动，结晶器振动频率、液态保护渣渗入结晶器/铸坯和浇铸温度等参数的综合影响。首先，提高结晶器振动频率（正滑脱时间和负滑脱时间都降低），会使得结晶器/铸坯间的保护渣变薄（见图 5-5 和表 5-4），导致结晶器弯月面处的低频热流密度上升（见图 5-4）。其次，随着结晶器振动频率的增加，弯月面处的高频热流密度和高频温度的波动幅度在降低。再次，如果在坯壳表面连续呈现深度振痕，那么高频热流密度信号在弯月面下可以保持较长的距离；可以想象这一机制将是未来研究的一个有趣课题，可以用来预测振痕的间距和深度。最后，结晶器弯月面波动会导致保护渣渗入不均、坯壳非均匀凝固，坯壳表面形成不整齐、无规则难以分辨的振痕或凹陷。

5.2.2 结晶器振动幅度对初始凝固的影响

连铸结晶器钢液初始凝固热模拟装置对低碳钢（LC steel）进行了 2 次实验 E2（结晶器振动行程 6 mm，结晶器振动频 1.67 Hz，浇铸温度 1542 ℃）和 E4（结晶器振动行程 10 mm，结晶器振动频率 1.67 Hz，浇铸温度 1550 ℃），研究了连铸结晶器振动行程对结晶器内初始凝固的影响。E2 和 E4 的其他连铸参数：拉坯速度、浇铸温度、结晶器振动冲程、保护渣和钢种成分列于表 5-1~表 5-3 中。E4 实验为第 4 章所述的连铸结晶器钢液初始凝固热模拟装置实验，其结果与分析详见第 4 章。

采用 FFT 数字滤波器把图 5-3（b）和第 4 章 E4 实验中，弯月面处的热流密度和温度分解成高频信号和低频信号，高频信号和低频信号的区分阈值设定为 0.8 Hz。图 5-4 所示为 E2 和 E4 的低频热流密度，连铸开始时、连铸结晶器钢液初始凝固热模拟装置第Ⅱ阶段生成的铸坯往下移动时，低频热流密度在增加，随着连铸的进行，当低频热流密度接近稳态阶段时（1.5~5.5 s），E2 和 E4 的低频热流密度分别围绕着平均值 1.3 MW/m^2 和 1.1 MW/m^2（基线）做长时间程上的波动，且它们的标准差 σ_{hf}分别为 0.0713 和 0.0481（见表 5-4）。

图 5-5 所示为 E2 和 E4 得到的铸坯厚度和渗入铸坯/结晶器间保护渣厚度。弯月面坯壳的尖端下方 10~50 mm，E2 和 E4 实验渗入铸坯/结晶器间保护渣平均厚度及其标准偏差 σ_{sl}列于表 5-4。由于 E2 的渗入铸坯/结晶器间保护渣平均厚度（1.50 mm）小于 E4 的（1.76 mm），当低频热流密度接近稳态阶段时（1.5~5.5 s），E2 的低频热流密度的平均值（1.3 MW/m^2）大于 E4 的（1.1 MW/m^2）；

同时，E2 坯壳的凝固系数（14.10 mm/min$^{1/2}$）大于 E4 的（13.85 MW/m^2）。随着结晶器振动行程的增加，渗入铸坯/结晶器间保护渣厚度增加。与 E2 相比较 E4 的坯壳生长均匀，这是由于 E4 实验中结晶器弯月面稳定，渗入铸坯/结晶器间保护渣厚度更厚、更均匀及浇铸温度更高，从而导致坯壳生长均匀且凝固速率更低。

图 5-6（b）~（d）所示为 E2 和 E4 的弯月面处高频热流密度（L_3）和高频温度（L_4）的变化。随着结晶器振动行程的增加，高频热流密度和高频温度的波动幅度都在增加。例如，E2(6 mm）和 E4(10 mm）对应的高频温度波动振幅分别为 2.3 K 和 2.8 K，高频热流密度波动振幅分别为 0.21 MW/m^2 和 0.24 MW/m^2。结晶器振幅增大，结晶器往上振动时，弯月面处结晶器会更远离熔池，这样当结晶器再次进入熔池之前，其热量会被冷却水和空气带走，导致结晶器相对更冷；从而结晶器的温度和热流密度波动幅度增大。

总之，结晶器振动幅度的增加，使渗入铸坯/结晶器间保护渣厚度增加（见图 5-5 和表 5-4)，进而导致结晶器/坯壳之间的热阻增大，最终导致结晶器弯月面附近的平均热流密度降低。并且，随着结晶器振动行程的增加，弯月面处的高频热流密度和高频温度的波动幅度都在增加。

5.2.3 液面波动对初始凝固的影响

正如前面所述，结晶器液面波动对铸坯表面有很大的影响。因此 E7 被设计出来研究了结晶器液面上升和下降对初始坯壳凝固的影响。E7 实验采用的超低碳钢（ULC steel）连铸参数：拉坯速度、浇铸温度、结晶器振动行程、保护渣和钢种成分列于表 5-1~表 5-3 中。在 E7 实验中，结晶器液面首先被观察到相对于结晶器在显著的上涨（控制连铸结晶器钢液初始凝固热模拟装置结晶器抬升速度小于熔池液面上涨速度)，接着结晶器液面保持相对稳定（控制连铸结晶器钢液初始凝固热模拟装置结晶器抬升速度等于熔池液面上涨速度)，最后液面相对于结晶器在下降（控制连铸结晶器钢液初始凝固热模拟装置结晶器抬升速度大于熔池液面上涨速度)，整个模拟连铸过程中，熔池液面保持着平面，在水平方向波动很小。

图 5-7 所示为 E7 连铸过程中，结晶器热面的热流密度和热流密度的 PSD 分析。图 5-7（a）表明，随着结晶器液面的上升（0.2~1.5 s)，由于钢水初始凝固点也上涨到结晶器上部，因此通过结晶器热面的最大热流密度的位置从结晶器下部（S0）上升到了（S15）。接着，结晶器液面保持稳定，结晶器上热流密度的最大位置保持不变。最后，结晶器液面的下降，通过结晶器热面的最大热流密度的位置从结晶器上部（S15）下降到（S1）。图 5-7（b）所示为 E7 的热流密度的 PSD 分析，在熔池液面位置附近（S12 之上)，有一个信号很强的、频率约为 2 Hz（等于结晶器振

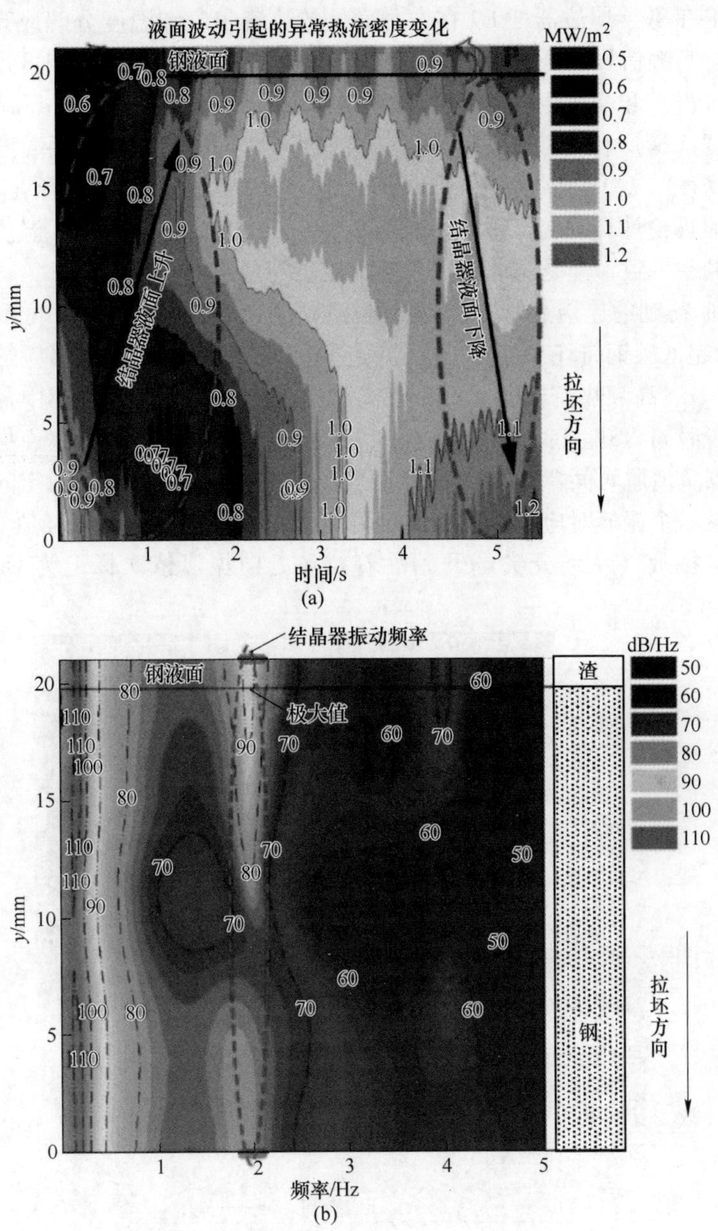

图 5-7 结晶器表面热流密度变化及其 PSD 分析

(a) 热流密度；(b) 热流密度的 PSD 分析

动频率）的高频热流密度信号；在 E7（从 2~4.5 s）实验连铸中期，结晶器液面保持稳定，钢水液面位置在 S20 附近，结晶器热流密度接近稳态阶段，围绕着平均值 0.9 MW/m^2（基线）做长时间程上的波动（见图 5-3（d））。

采用 FFT 数字滤波器把 E7 在弯月面处的热流密度和温度分解成高频信号和低频信号，高频信号和低频信号的区分阈值设定为 1.0 Hz。如图 5-8 所示，高频热流密度（L_3）和高频温度（L_4）的波动幅度分别为 0.05 MW/m² 和 0.7 K。高频热流密度（L_3）和高频温度（L_4）的波动频率一致，但是高频温度变化要比高频热流密度（L_3）变化滞后了 0.071 s（约等于结晶器振动周期 0.49 s 的 1/8）。同时理论计算（见 2.2 节中式（2-2）和式（2-3））发现：温度和热流密度振动的频率一致，但是温度要比其热流密度滞后 1/8 周期。

E7 实验得到的连结晶器/铸坯间保护渣厚度大约是 1.48 mm（见图 5-5）。图 5-8 所示为超低碳钢铸坯表面和结晶器振动（L_1）与弯月面附近高频热流密度变化速率（L_2）、高频热流密度（L_3）和高频温度（L_4）的关系，图中灰色表示结晶器负滑脱时间 NST。除了连铸开始和结束阶段，可以看出坯壳表面振痕清晰可见，结晶器负滑脱时间弯月面热流密度迅速上升；在结晶器液面稳定时生成的铸坯表面上每一个振痕对应着热流密度变化速率曲线（L_2）的一个峰值。图 5-8 中从左到右，振痕（从坯壳尖端开始沿着拉坯方向振痕依次标记为 Om1，Om2，

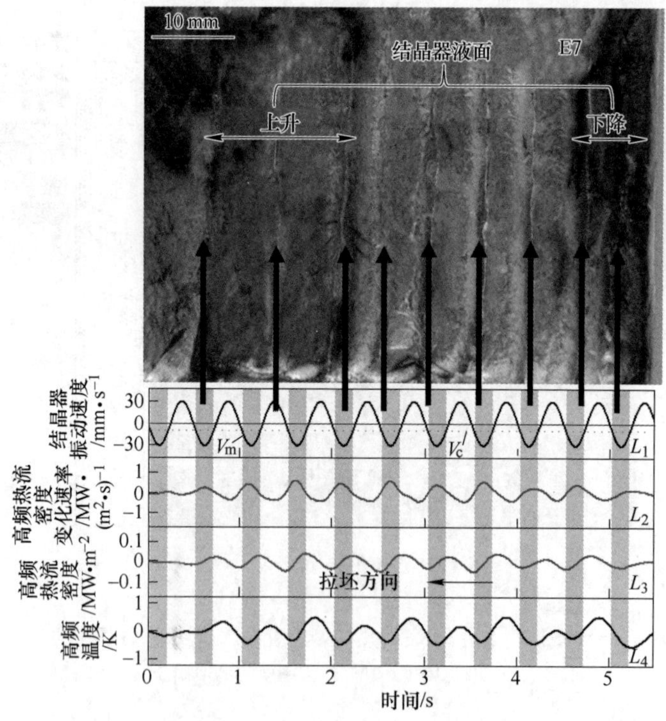

图 5-8　超低碳钢铸坯表面和结晶器振动（L_1）与弯月面的附近高频热流密度变化速率（L_2），高频热流密度（L_3）和高频温度（L_4）的关系

…，Om9）的深度和振痕间距被测量，其值列于表 5-5 中，其中振痕的平均深度为 0.49 mm，振痕的平均间距 5.62 mm，振痕的理论间距（V_c/f）为 4.91 mm。结晶器液面上涨时生成的振痕，其振痕间距大于理论值；例如图中左边的 2 个振痕。结晶器液面下降时生成的振痕，其振痕间距小于理论值；例如图中右边的振痕。结晶器液面上涨时，由于弯月面靠近上部更冷的结晶器壁，导致弯月面的凝固程度加强，因此生成的振痕的深度会更深；反之，结晶器液面下降时，由于弯月面靠近上部更热的结晶器壁，弯月面的凝固程度减弱，凝固的弯月面形状的坯壳变薄变短，因此生成的振痕的深度会更浅；这个实验结果与 Thomas 等人[30,146]的工业调查一致。

表 5-5 振痕的深度和间距

振痕	Om1	Om2	Om3	Om4	Om5	Om6	Om7	Om8	Om9	平均
深度/mm	0.78	0.52	0.57	0.54	0.48	0.67	0.42	0.35	0.12	0.49
间距/mm		7.98	7.21	4.38	5.02	6.14	5.34	5.86	3.07	5.62

注：从坯壳尖端开始沿着拉坯方向振痕依次标记为 Om1，Om2，…，Om9。

6 超低碳钢结晶器内初始凝固行为

6.1 概　　述

为了满足高拉速和多炉次连续浇铸的需求，结晶器保护渣主要强调保护渣的润滑性能和稳定性能，本章以超低碳钢连铸为例，介绍评价保护渣连铸参数的方法。本章首先建立了一维凝固传热反问题（1D-ITPS）数学模型，从测量的坯壳厚度数据中反演出钢水凝固时，通过铸坯表面的热流密度和铸坯温度变化；其次，利用一维凝固传热反问题（1D-ITPS）反演连铸结晶器钢液初始凝固热模拟装置模拟连铸过程时钢水初始坯壳凝固过程，利用 2D-IHCP 模型计算出结晶器温度场和通过结晶器热面的热流密度，进而根据实验测量的保护渣渣膜厚度计算出弯月面附近沿着拉坯方向保护渣与结晶器之间的接触热阻；最后，计算出结晶器与铸坯之间液态保护渣的厚度，和结晶器与铸坯之间结晶器保护渣的消耗量。

6.2 凝固传热反问题

首先，对物理现象进行简化建立传热凝固模型；其次，构造凝固传热反问题模型从测量的坯壳厚度数据中反算出钢水凝固时通过坯壳表面的热流密度和坯壳温度；再次，采用 Levenberg-Marquardt 法迭代求解反问题模型；最后，设计测试问题验证凝固传热反问题的可靠性。

6.2.1 凝固传热的正问题

如图 6-1 所示，连铸结晶器钢液初始凝固热模拟装置连铸时，钢水紧靠结晶器凝固，坯壳一边凝固被拉坯器以拉坯拉速 V_c沿着拉坯方向往下移动，同时钢水液面上的液态保护渣会渗入结晶器与铸坯之间，起到控制传热和润滑作用。结晶器表面中心线下的结晶器壁内安装了两排深浅不同的热电偶，以此测量连铸时结晶器温度变化。(1) 与水平方向传热对比，钢水凝固时沿拉坯方向的传热很小可以忽略；因此假设钢水凝固传热是水平方向上的一维凝固传热问题；(2) 钢水与感应炉内衬耐火材料接触，所以水平方向上，钢水的右端可以看成是绝热边界。(3) 连铸结晶器钢液初始凝固热模拟装置模拟连铸时，由于拉坯器拉动坯壳往熔池深处运动，钢水液面会做上升运动，但是整体钢水流动速度很小，因此忽略钢水流动对钢水凝固传热的影响。正问题求解区域为 $\{x \mid 0 \leqslant x \leqslant l\}$，靠近炉衬端 $x=l$ 为绝热边界，靠近结晶器端 $x=0$ 为热流密度函数 $q(t)$ 边界，钢水初始温度为 T_c。坯壳切片以拉坯拉速 V_c 沿着拉坯方向往下移动以此模拟计算连铸时钢水的凝固传热过程。

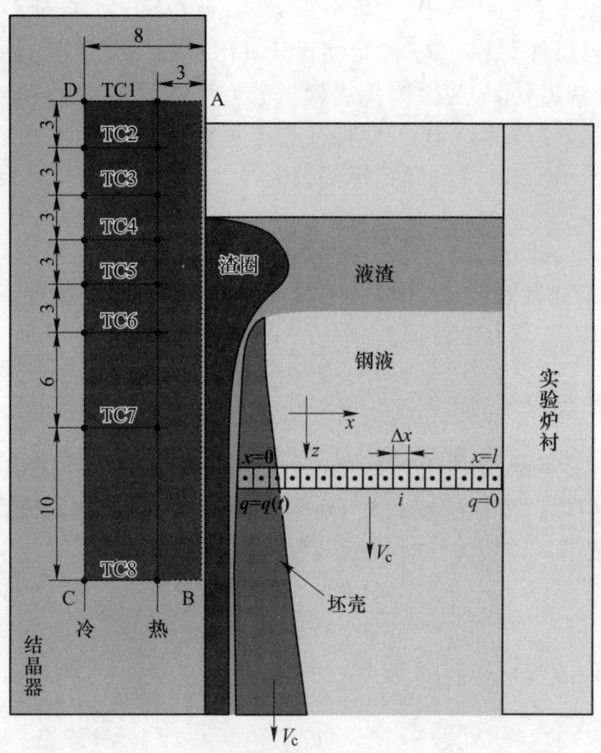

图 6-1 热电偶安装和钢水凝固计算模型（单位：mm）

采用热焓法求解钢水凝固传热时，其传热控制方程为[209-210]：

$$\frac{\partial E}{\partial t}=\frac{\partial}{\partial x}\left(k\frac{\partial T}{\partial x}\right),\ x\in[0,l],\ t\in[0,t_f] \tag{6-1}$$

$$-k\frac{\partial T(0,t)}{\partial x}=q(t) \tag{6-2}$$

$$-k\frac{\partial T(l,t)}{\partial x}=0 \tag{6-3}$$

$$T(x,0)=T_c \tag{6-4}$$

式中，E 为体积热焓，J/m^3；靠近结晶器端热流密度 $q(t)$ 随时间变化，假设 $q(t)$ 是由一组已知的正交函数 $C_j(t)$ 线性叠加而成（正交函数通常使用正交多项式函数族)，每个正交函数对应的系数组成的向量为 $\boldsymbol{P}=[p_1,\ p_2,\ \cdots,\ p_N]$：

$$q(t)=\sum_{k=1}^{N}p_kC_k(t) \tag{6-5}$$

6.2.2　构造凝固传热反问题

构造反问题思路为：寻找热流密度函数 $q(t)$ 作为凝固传热偏微分方程式（6-1）的边界条件，当 $q(t)$ 满足使得计算出来的坯壳厚度与测量坯壳厚度的偏差最小时，则认为 $q(t)$ 为凝固传热偏微分方程的真实的边界热流密度。求解反问题可以抽象为寻找泛函 $q(t)$ 使得坯壳厚度的计算值逼近测量值，使用最小二乘法（2-范数）构造的反问题目标函数为：

$$s(\boldsymbol{P})=\sum_{j=1}^{M}[v_j-u_j(\boldsymbol{P})]^2 \tag{6-6}$$

式中，v_j 和 $u_j(\boldsymbol{P})$ 分别对应着 t_j时刻，测量的和计算的坯壳厚度；$\boldsymbol{u}=[u_1,\ u_2,\ \cdots,\ u_M]^{\mathrm{T}}$和 $\boldsymbol{v}=[v_1,\ v_2,\ \cdots,\ v_M]^{\mathrm{T}}$。

6.2.3　凝固传热反问题的求解

本节采用阻尼最小二乘法（Levenberg-Marquardt 法）寻找 $q(t)$ 使得目标函数式（6-6）最小化；目标函数 s 式（6-6）是系数向量 $\boldsymbol{P}$ 的函数，因此目标函数对系数向量 $\boldsymbol{P}$ 求导，导数为 0 时目标函数取极小值，即：

$$\frac{\partial s(\boldsymbol{P})}{\partial p_1}=\frac{\partial s(\boldsymbol{P})}{\partial p_2}=\cdots=\frac{\partial s(\boldsymbol{P})}{\partial p_N}=0 \tag{6-7}$$

把式（6-7）改写成矩阵的形式：

$$[\nabla s(\boldsymbol{P})]_k=-2\sum_{j=1}^{M}\frac{\partial u_j}{\partial p_k}[v_j-u_j(\boldsymbol{P})]=0\quad(k=1,2,3,\cdots,N) \tag{6-8}$$

$$J_{jk}=\left[\frac{\partial u_j}{\partial p_k}\right]^{\mathrm{T}}\cong\frac{u_j(p_1,p_2,\cdots,p_k+\xi p_k,\cdots,p_N)-u_j(p_1,p_2,\cdots,p_k,\cdots,p_N)}{\xi p_k} \tag{6-9}$$

式中，ξ 为很小的值，取值范围 $10^{-3}\sim10^{-6}$，定义雅可比矩阵：

$$\boldsymbol{J}(\boldsymbol{P})=\begin{vmatrix}\dfrac{\partial u_1}{\partial p_1} & \dfrac{\partial u_1}{\partial p_2} & \cdots & \dfrac{\partial u_1}{\partial p_N}\\ \dfrac{\partial u_2}{\partial p_1} & \dfrac{\partial u_2}{\partial p_2} & \cdots & \dfrac{\partial u_2}{\partial p_N}\\ \vdots & \vdots & \cdots & \vdots\\ \dfrac{\partial u_M}{\partial p_1} & \dfrac{\partial u_M}{\partial p_2} & \cdots & \dfrac{\partial u_M}{\partial p_N}\end{vmatrix} \tag{6-10}$$

把式（6-10）代入式（6-8）得到的矩阵的式子为：

$$-2\boldsymbol{J}^{\mathrm{T}}(\boldsymbol{P})(\boldsymbol{v}-\boldsymbol{u})=0 \tag{6-11}$$

用 Taylor 级数展开 $\boldsymbol{u}$ 函数，忽略二阶及二阶以上的高阶项，得：

$$\boldsymbol{u}(\boldsymbol{P}^{i+1})=\boldsymbol{u}(\boldsymbol{P}^{i})+\boldsymbol{J}^{i}(\boldsymbol{u}-\boldsymbol{u}^{i}) \tag{6-12}$$

联立式（6-11）和式（6-12），得 1D-ITPS 反问题更新算子：

$$\boldsymbol{P}^{i+1}=\boldsymbol{P}^{i}+[(\boldsymbol{J}^{i})^{\mathrm{T}}\boldsymbol{J}^{i}]^{-1}(\boldsymbol{J}^{i})^{\mathrm{T}}(\boldsymbol{v}-\boldsymbol{u}^{i}) \tag{6-13}$$

式（6-13）的定解条件为 $\boldsymbol{J}^{\mathrm{T}}\boldsymbol{J}\neq 0$。因为 $\boldsymbol{J}^{\mathrm{T}}\boldsymbol{J}\approx 0$ 时，式（6-13）容易产生病态问题，为此添加阻尼项来加快式（6-13）的收敛速度，1D-ITPS 反问题更新算子的新表达形式如下：

$$\boldsymbol{P}^{i+1}=\boldsymbol{P}^{i}+\{(\boldsymbol{J}^{i})^{\mathrm{T}}\boldsymbol{J}^{i}+\mu^{i}\mathrm{diag}[(\boldsymbol{J}^{i})^{\mathrm{T}}\boldsymbol{J}^{i}]\}^{-1}(\boldsymbol{J}^{i})^{\mathrm{T}}(\boldsymbol{v}-\boldsymbol{u}^{i}) \tag{6-14}$$

式中，μ^{i}为阻尼参数，是大于 0 的标量。迭代过程中，当 $\boldsymbol{J}^{\mathrm{T}}\boldsymbol{J}\approx 0$ 时 μ^{i}应当取一个比较大的值以加快收敛速度；当 $\boldsymbol{P}$ 接近精确解时，μ^{i}应当取一个很小的值，使式（6-14）等价于式（6-13）。

收敛判据：

$$s(\boldsymbol{P}^{i+1})<\varepsilon_1 \tag{6-15}$$

$$\|(\boldsymbol{J}^{i})^{\mathrm{T}}(\boldsymbol{v}-\boldsymbol{u}^{i})\|<\varepsilon_2 \tag{6-16}$$

$$\|\boldsymbol{P}^{i+1}-\boldsymbol{P}^{i}\|<\varepsilon_3 \tag{6-17}$$

采用 Levenberg-Marquardt 法求解反问题过程，见表 6-1。

表 6-1 Levenberg-Marquardt 法求解反问题过程

步骤	执行
1	初始化：给热流密度 $q(t)$ 函数式（6-5）的参数向量赋初始值 $\boldsymbol{P}$（$\boldsymbol{P}$ 的选取尽量使初始的热流密度在真实值附近），并计算 $q(t)$；令 $i=1$，$\mu^{i}=0.01$，ε_1，ε_2 和 ε_3 分别为 10^{-7}，10^{-12} 和 10^{-3}
2	把 $q(t)$ 代入正问题式（6-1）~式（6-4）中，计算坯壳厚度 $\boldsymbol{u}$ 和温度分布 $T(x,\ t)$
3	把坯壳厚度 $\boldsymbol{u}$ 代入反问题目标泛函式（6-6）中，计算泛函 $s(\boldsymbol{P})$
4	检查收敛判据式（6-15）~式（6-17），如果满足（且 $\mu<10^{-8}$）则计算结束，否则进行下面： ①通过式（6-9）计算雅可比矩阵式（6-10），得到 $\boldsymbol{J}$； ②如果 i 不等于 1，则判断：$s(\boldsymbol{P}^{i-1})<s(\boldsymbol{P}^{i})$ 是否成立，；如果是则 $\mu^{i}=10\times\mu^{i-1}$，否则 $\mu^{i}=0.1\times\mu^{i-1}$； ③使用反问题更新算子式（6-14）更新得到 $\boldsymbol{P}^{i+1}$； ④$i=i+1$；把 $\boldsymbol{P}^{i}$代入式（6-5）更新 $q(t)$； ⑤接着重复步骤 2，直至计算结束

6.2.4　正问题和反问题的验证

6.2.4.1　有限差分法求解正问题的合理性

采用显式差分格式求解正问题式（6-1）~式（6-4）。有限差分法求解传热偏微分方程时，有限差分格式要满足：相容性（截断误差），稳定性（舍入误差）和收敛性。这里通过比较解析解和有限差分的数值解来验证差分格式求解凝固问题的合理性。显示差分格式解正问题的时间步长要求（α 为热扩散系数）：

$$\Delta t < \frac{\Delta x^2}{2\alpha} \tag{6-18}$$

熔融的金属（温度为 T_0）依附在恒温的冷却壁（温度为 T_{mld}）上的凝固传热过程可以抽象成一维无限长常壁温凝固问题，假设金属表面温度等于冷却壁温度，则温度场存在解析解[200-201]：固态金属的温度 T_s 和液态金属的温度 T_l 分别为：

$$\frac{T_s - T_{mld}}{T_p - T_{mld}} = \frac{\mathrm{erf}(x/2\sqrt{\alpha_s t})}{\mathrm{erf}(\eta)}, \frac{T_l - T_0}{T_{mld} - T_0} = \frac{\mathrm{erfc}(x/2\sqrt{\alpha_l t})}{\mathrm{erfc}(\eta\sqrt{\alpha_s/\alpha_l})} \tag{6-19}$$

凝固厚度 v 为：

$$v = 2\eta\sqrt{\alpha_s t} \tag{6-20}$$

式中，η 为常数，由下面方程确定：

$$\frac{\exp(-\eta^2)}{\mathrm{erf}(\eta)} + \frac{k_l}{k_s}\sqrt{\frac{\alpha_s}{\alpha_l}}\frac{T_p - T_0}{T_p - T_{mld}}\frac{\exp(-\eta^2\alpha_s/\alpha_l)}{\mathrm{erfc}(\eta\sqrt{\alpha_s/\alpha_l})} = \frac{\eta L_a\sqrt{\pi}}{c(T_p - T_{mld})} \tag{6-21}$$

有限差分求解式（6-1）~式（6-4）时，时间步长固定为 $\Delta t(=\Delta x^2/(3\alpha)$，$\alpha$ 为热扩散系数）和空间步长为 Δx（使用了 5 种不同的步长：0.05 mm、0.1 mm、0.2 mm、0.5 mm 和 1.0 mm）。金属熔体的热容、导热系数、密度和凝固潜热都为一个常数，具体物性参数见表 6-2。

表 6-2　验证正问题使用的材料物性参数

参数	数值
密度 ρ_{steel}/kg · m^{-3}	7400
热容 c/J · (kg · K)$^{-1}$	661
潜热 L_a/J · kg^{-1}	272000
固相、液态材料的导热系数 k_s、k_l/W · (m · K)$^{-1}$	32, 32
初始温度 T_0/℃	1525
熔点 T_p/℃	1495
冷却壁温度 T_{mld}/℃	1000

图 6-2 所示为有限差分法与解析解式（6-19）~式（6-21）计算的坯壳厚度和坯壳温度的比较。由图 6-2（a）可知，有限差分法和解析解计算的厚度非常接近；由图 6-2（b）可知，求解式（6-1）~式（6-4）时空间步长 Δx 取 1.0 mm，有限差分法可以得出准确的坯壳温度。

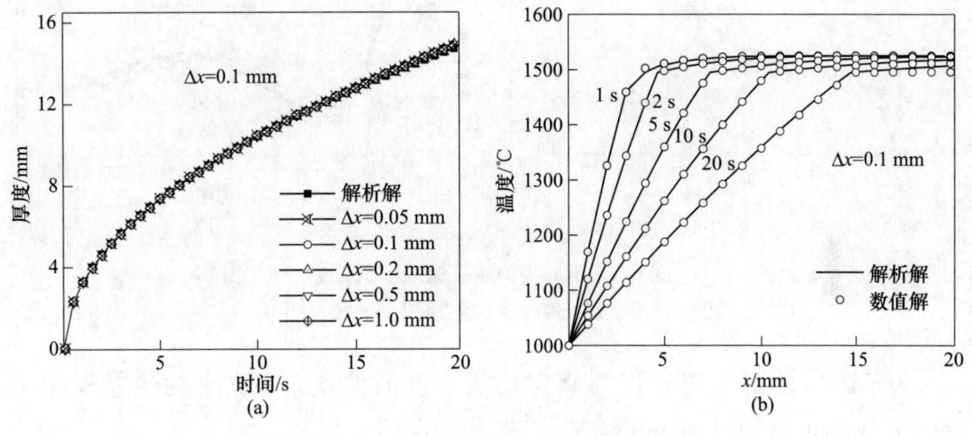

图 6-2 解析解和数值解计算结果

（a）坯壳厚度；（b）坯壳温度

6.2.4.2 反问题模型精确性的验证

设计数值测试试验，假设传热数学模型式（6-1）~式（6-4）左边为热流密度边界条件：

$$q(t) = a_0 + a_1 t + a_2 t^2 + a_3 t^3 + a_4 t^4 + a_5 t^5 \tag{6-22}$$

假设 a_0、a_1、a_2、a_3、a_4 和 a_5 分别为 1×10^4、2×10^4、-3×10^4、4×10^4、-5×10^4 和 6×10^4，计算 $q(t)$ 后代入正问题式（6-1）~式（6-4）中（物性参数和初始温度参见表 6-2），求解凝固坯壳的厚度，计算时每隔 0.2 s 记录一次坯壳厚度。接着把厚度数据代入目标泛函式（6-6），采用 Levenberg-Marquardt 法求解反问题。最后，在正问题计算的坯壳厚度中加入高斯噪声（Gaussian noise），$\omega\sigma$（噪声的标准偏差 σ 分别设置为 0、0.02、0.05 和 0.1，而 ω 为随机变量其值在区间 [−2.576, 2.576] 内的置信度为 0.99）；以此来模拟坯壳测量误差，然后把数据代入反问题求解，进而研究 Levenberg-Marquardt 法求解凝固传热反问题的抗噪声干扰能力。图 6-3 所示为反演的坯壳厚度和坯壳表面的热流密度。不同噪声水平时反演出的坯壳厚度与真实的坯壳厚度非常接近（见图 6-3（a）），同样反演出的坯壳表面热流密度与真实的热流密度非常接近（见图 6-3（b））。因此 1D-ITPS 能从测量的坯壳厚度数据中反演出钢水凝固时铸坯表面的热流密度和温度。

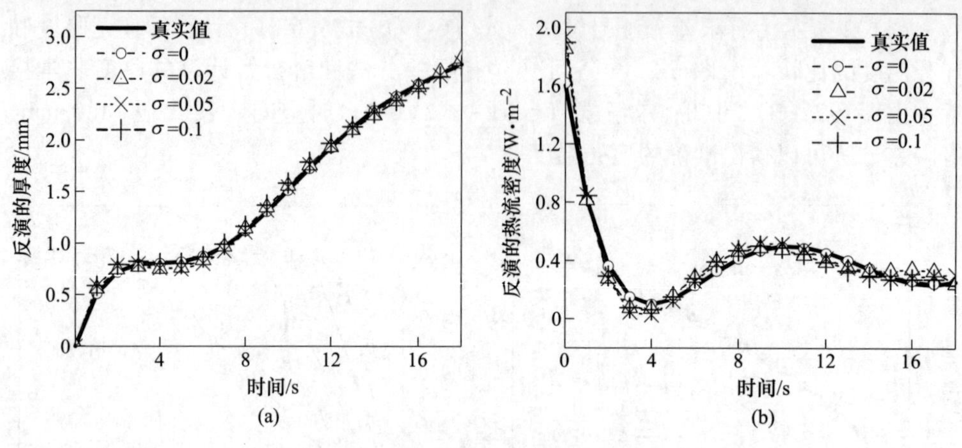

图 6-3　不同噪声水平时反演的结果
（a）坯壳厚度；（b）表面热流密度

为了评估反演热流密度与真实热流密度的偏差，定义平均绝对误差率（mean absolute percentage error，M_{err}）如下：

$$M_{err} = \frac{100\%}{M}\sum_{i=1}^{M}\left|\frac{A_i - C_i}{A_i}\right| \tag{6-23}$$

式中，A_i为时刻 i 的真实值；C_i为时刻 i 的计算值；M 为总测量个数。

图 6-4 所示为 1D-ITPS 计算的在不同噪声水平下，反演的热流密度的平均绝对误差率 M_{err}。随着测量数据中误差的增大，1D-ITPS 仍然可以反演出较准确的边界上的热流密度，但是平均绝对误差率 M_{err} 在增加，即计算准确度在降低。σ 为 0、0.02、0.05 和 0.1 时对应的平均绝对误差率 M_{err} 分别为 4.54%、18.27%、20.77% 和 22.18%。因此测量足够精确的坯壳厚度值，是反演出准确热流密度的基础。

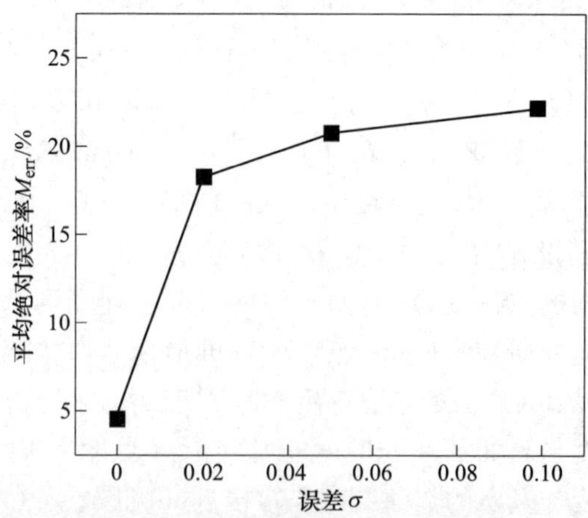

图 6-4　测量厚度中的噪声水平对反演的热流密度的平均绝对误差率的影响

6.3 实验及其结果讨论

首先，利用连铸结晶器钢液初始凝固热模拟装置模拟超低碳钢连铸时结晶器内的初始凝固现象，进而得到凝固坯壳，结晶器与坯壳之间的保护渣渣膜和采集的结晶器温度。其次，利用一维凝固传热反问题（1D-ITPS）反演钢水初始坯壳凝固传热过程，利用 2D-IHCP 模型计算出结晶器温度和结晶器热面的热流密度。最后，研究沿着拉坯方向保护渣与结晶器之间的接触热阻，结晶器与铸坯之间的液渣膜厚度以及结晶器保护渣的消耗量。

6.3.1 低碳钢连铸实验

连铸结晶器钢液初始凝固热模拟装置对超低碳钢（ULC steel）连铸结晶器内初始凝固进行模拟实验，其连铸参数：拉坯速度、浇铸温度、结晶器振动频率和行程列于表 6-3 中，连铸使用的保护渣和钢种的成分分别列于表 6-4 和表 6-5 中。

表 6-3 结晶器振动参数和浇铸温度

钢液浇铸温度/℃	结晶器振动频率 f/r · min^{-1}	拉坯速度 V_c/mm · s^{-1}	结晶器振动行程 $2A$/mm
1555（1828.15 K）	122（2.03 Hz）	10	6

表 6-4 超低碳钢成分（质量分数） （%）

成分	C	Si	Mn	P	S
含量	0.0011	0.004	0.107	0.0093	0.0048

表 6-5 保护渣成分（质量分数） （%）

成分	CaO	SiO_2	Al_2O_3	MgO	Na_2O	Li_2O	F	碱度
含量	36	37.5	6	3	6.5	0.5	6	0.96

连铸结晶器钢液初始凝固热模拟装置模拟连铸时，结晶器内的热电偶安装如图 6-1 所示，实验过程中温度采集速率为 60 Hz，实验过程如第 2 章所述。由于连铸结晶器钢液初始凝固热模拟装置模拟连铸过程发生在实验过程的第Ⅲ阶段（持续 5.5 s）；如图 6-5 所示第Ⅲ阶段模拟连铸过程时，结晶器内热电偶采集的数据。结晶器壁内 3 mm 处热电偶测量的温度值比结晶器壁内 8 mm 处热电偶测量的温度值大 6~10 K。

图 6-6 所示为连铸结晶器钢液初始凝固热模拟装置结晶器安装热电偶位置上面的坯壳厚度（0.8~2 mm）和渗入结晶器/铸坯间的保护渣渣膜厚度（测量的是保护固态渣膜和液态渣膜）。

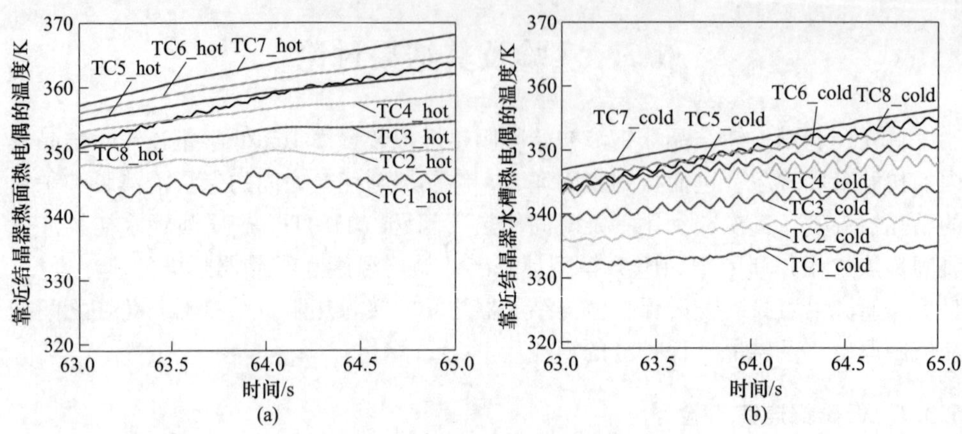

图 6-5　结晶器内热电偶测量的温度

（a）热排（hot）热电偶温度；（b）冷排（cold）热电偶温度

（_cold 表示离结晶器表面 8 mm 的热电偶；_hot 表示离结晶器表面 3 mm 的热电偶）

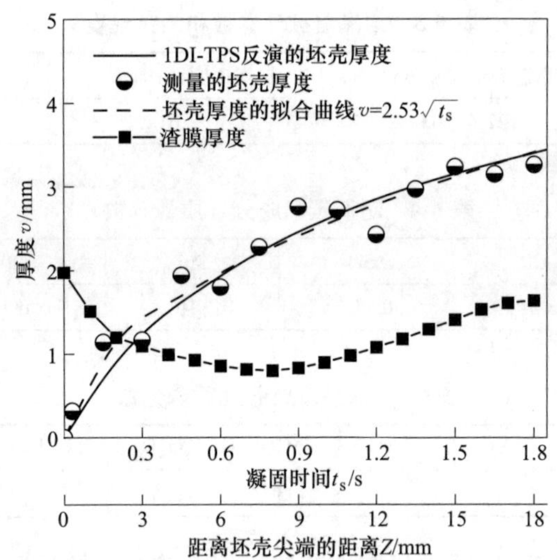

图 6-6　实验得到的坯壳厚度和结晶器/铸坯之间渣膜厚度

采用平方根定律拟合坯壳厚度为 $v=K\times t_s^{1/2}$，$t_s=l/V_c$（其中，l 离弯月面坯壳的尖端的距离，V_c 为拉坯速度 10 mm/s），坯壳厚度生长的凝固系数为 2.53 mm/s$^{1/2}$（19.7 mm/min$^{1/2}$）；钢水凝固了 1.8 s 后，坯壳厚度为 3.26 mm。渗入的渣膜厚度范围分别为 0.8~3.0 mm，在弯月面弧形坯壳附近、振痕和坯壳表面凹陷处的渣膜更厚。

6.3.2　实验数据处理

6.3.2.1　2D-IHCP 计算结晶器温度场

把采集温度数据（见图 6-5）传入二维瞬态传热反问题模型 2D-IHCP，反演出结晶器热面的热流密度。图 6-7 所示为模拟 1 s 连铸过程时结晶器表面的热流密度和结晶器热面温度。$Z=0$ mm 表示弯月面坯壳的尖端。图 6-7（a）63.633 s、63.733 s、68.633 s、63.933 s 和 64.133 s 分别对应着结晶器振动位移的波峰、平衡、波谷、平衡和波峰位置，热流密度达到了比较稳定的状态（可视为开浇以后，连铸过程稳定时工业条件下结晶器的“热稳态”，结晶器传热正规状况阶段），最大热流密度和最大温度发生的位置发生在坯壳尖端下方 6~9 mm 处；沿着拉坯方向，结晶器热流密度（2.1 MW/m^2）的最大值所在的位置（坯壳尖端下方 7 mm 处）稍微高于结晶器最大值温度（374 K）所在的位置（弯月面坯壳的尖端下方 8 mm 处），这个计算结果与 Nakato[211] 和 Brimacombe[212] 的计算一致。因为此处结晶器/铸坯间的总热阻 R_{tot} 最小（见图 6-12）。尽管热流密度达到稳定状态，但是结晶器温度图 6-7（b）仍然在升高。如图 6-8 所示一个结晶器振动周期内通过结晶器表面的热流密度和温度。可以看出热流密度没有发生很大的变化，温度变化幅度比较宽，但是最大热流密度和最大温度的位置没有改变。

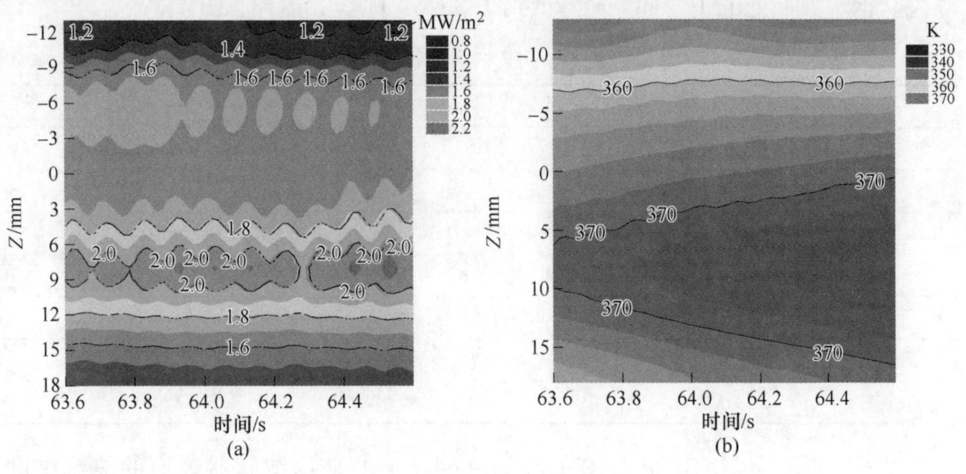

图 6-7　连铸时结晶器表面

（a）热流密度；（b）温度

6.3.2.2　1D-ITPS 铸坯凝固过程

把实验测量的坯壳厚度代入一维凝固传热反问题模型中，超低碳钢的物性参

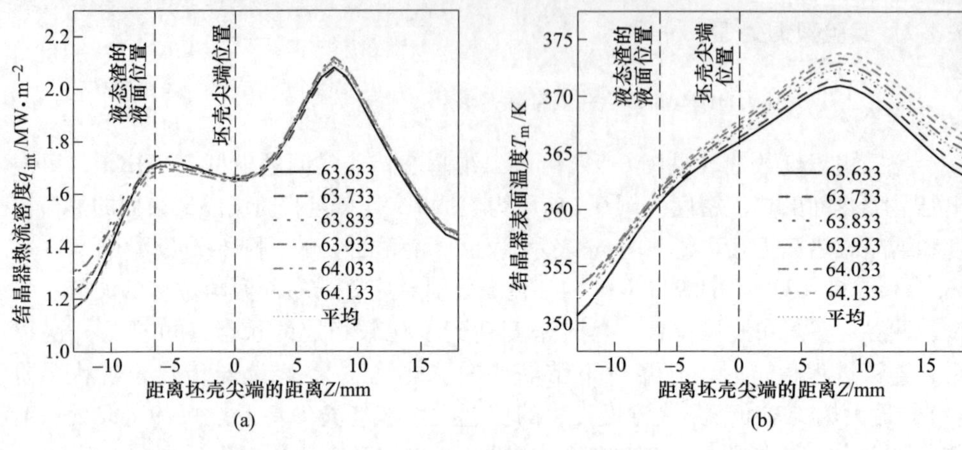

图 6-8　一个结晶器振动周期内
（a）结晶器表面热流密度；（b）热面温度

数列于表 6-6。图 6-9 所示为凝固传热反问题模型 1D-ITPS 计算得到的铸坯表面温度和热流密度；其中反演得到的坯壳厚度和测量的坯壳厚度如图 6-6 所示。连铸时，随着铸坯往下拉动，坯壳表面温度从钢水液面处的 1537 ℃开始降低，直到 1241 ℃后接着升高到 1340 ℃，最后又开始降低。通过坯壳表面的热流密度同样先从钢水液面处的 16 MW/m^{2}降低到 1.8 MW/m^2，接着略微升高。

表 6-6　IF 钢的物性参数

参数	数值
密度 ρ_{steel}/kg · m^{-3}	7400
比热容 c/J · (kg · K)$^{-1}$	820
潜热 L_a/J · kg^{-1}	272000
固相、液态材料的导热系数 k_s、k_l/W · (m · K)$^{-1}$	35，35
初始温度 T_0/℃	1560
液相线温度 T_l/℃	1539
固相线温度 T_s/℃	1529

图 6-9 所示为 2D-IHCP 计算的 63.6～64.6 s 的平均结晶器表面的热流密度 q_{int}。铸坯表面的热流密度 q_{shell}要大于通过结晶器热面的热流密度 q_{int}，尤其是在靠近坯壳尖端下方 0～6 mm 处。这是由于弯月面处钢水凝固是二维传热，1D-ITPS 把水平方向和拉坯方向上的传热都看成是一维的水平传热，而 2D-IHCP 计算的结晶器热面的热流密度是水平方向上通过铸坯的热流密度；因此 1D-ITPS 计算的热流密度值会比 2D-IHCP 计算的高。沿着拉坯方向，钢水凝固时的二维传热效应在减弱，一维水平方向上的传热量占总的传热量的比重在增大，所以 1D-

ITPS 计算的坯壳表面热流密度接近于 2D-IHCP 计算的结晶器表面热流密度。图 6-10 所示为 2D-IHCP 反演连铸时计算结晶器上 ABCD 区域（见图 6-1）的温度和 1D-IHCP 一维凝固传热反问题反演的钢水凝固传热的温度分布。

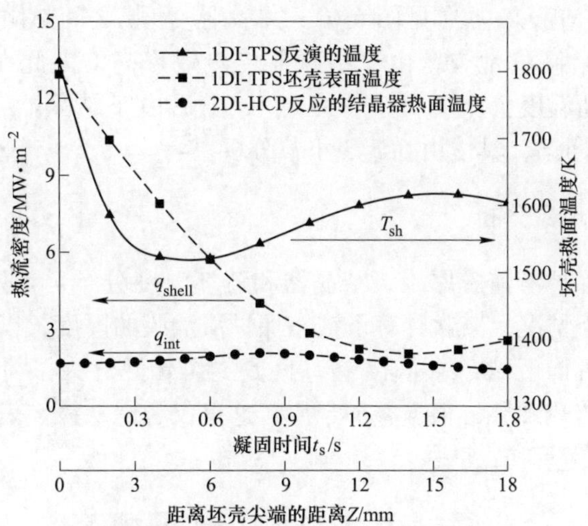

图 6-9 坯壳表面的温度和热流密度

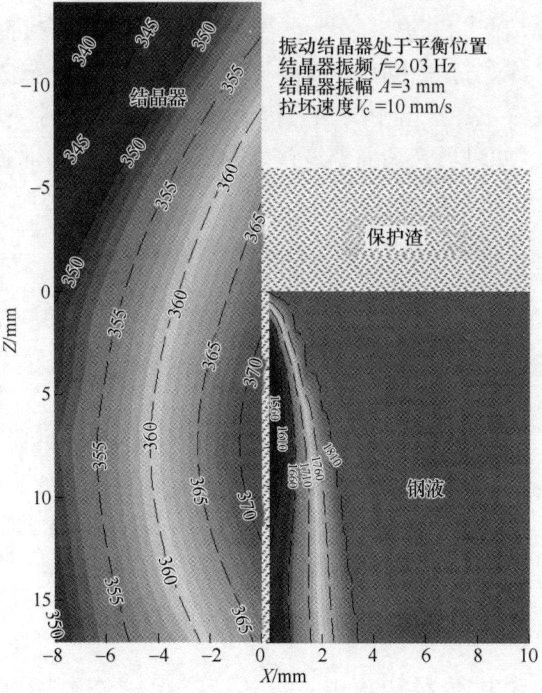

图 6-10 结晶器温度场和铸坯凝固（64 s）

结晶器最高温度（374 K, 101 ℃）处于坯壳尖端下方 5～10 mm 处。结晶器温度最高区域对应的铸坯表面温度最低（1241 ℃），随后坯壳表面温度在升高，并且最高结晶器热流密度的也发生在这个地方，这是由于此处结晶器/铸坯间的总热阻 R_{tot} 最小，渣膜最薄（见图 6-6），结晶器/渣膜之间热阻最小；在结晶器温度和热流密度最高的地方，由于结晶器传热效率高，因此在位置附近（Z = 5 mm）铸坯的表面温度会产生一个“冷点”，随后由于结晶器/铸坯间的总热阻 R_{tot} 增大，坯壳在回温，具体由 6.3.3 小节分析。

6.3.3　初始凝固现象分析

根据测量的保护渣渣膜厚度、结晶器和铸坯温度分布，首先研究了结晶器/铸坯间的传热热阻情况；其次计算了液态保护渣渣膜的厚度，以此计算保护渣的消耗量。靠近弯月面区域，结晶器/铸坯间是二维传热，为了简化研究结晶器与坯壳之间渣膜的传热现象，根据叠加定律，这里仅考虑从铸坯表面水平方向传输到结晶器热面的热量。

6.3.3.1　弯月面附近结晶器/铸坯间的传热模型

如图 6-11 所示，结晶器与坯壳之间存在着保护渣渣膜，其由固态（晶体，玻璃）、液态保护渣和气孔等组成[119]。钢水凝固时的坯壳表面热量通过渣膜传输给水冷结晶器，传热过程中固态渣膜控制着传热，而液态渣膜控制铸坯的润滑（在弯月面附近液态保护渣中的辐射传输的热量占的比例很大，甚至控制着弯月面处钢水凝固）。如果坯壳表面温度高，靠近坯壳表面的保护渣会是液态；而靠近结晶器端的坯壳呈固态。

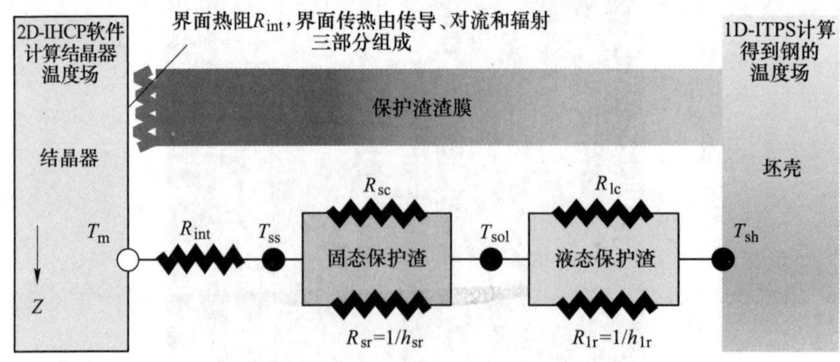

图 6-11　结晶器和铸坯表面的热量传输

通常固态保护渣中传导传热占主导，液态保护渣中辐射传热占的比例很大[88]。一方面，靠近结晶器端的固态保护渣表面很粗糙，铸坯和保护渣凝固时伴随着凝固收缩和各种相变产生的体积变化，使得保护渣与结晶器之间的接触变弱；Hanao 等人[147]研究发现保护渣与结晶器之间处于非完美接触状态（有些地方接触，有些地方不接触；不接触的地方产生间隙可能会被气体充满，产生气隙），因此会产生接触热阻对传热起阻碍作用；热量通过接触热阻的传输方式包括传导传热，辐射传热和气体对流换热。接触热阻的研究非常复杂，其大小与保护渣/结晶器间接触面的粗糙度、接触压力、填充介质等有关系[213-215]；即使物质之间是原子层次上的完美接触，由于物质之间的电子特性和振动特性不同，载热子（声子，光子或电子）试图穿过界面时会发生散射、产生宏观上的界面热阻效应。在连铸领域中为了简化分析，引入了“气隙模型”来描述保护渣与结晶器之间接触热阻[211,216]。另外，由于坯壳表面曲率形貌，有些区域，例如深振痕的波谷，存在表面张力现象，液态保护渣与铸坯接触时，深振痕的波谷不能完全被液体充满，因此会产生间隙阻碍传热；如果与坯壳接触的是固态渣，那么保护渣/坯壳间也可能产生气隙。模型简化：（1）通常液态保护渣与铸坯接触时产生的接触热阻很小，假设靠近坯壳表面的液态保护渣的温度等于铸坯表面温度；（2）相比结晶器/铸坯间的传热量，结晶器/坯壳间保护渣因温度变化（包括相变潜热）所积累/消散的热量可以忽略，因此假设保护渣处于稳态传热状态；（3）假设水平方向上保护渣内部传输热量的速率等于结晶器表面传输热量的速率。

结晶器/坯壳之间的总热阻 R_{tot} 包括：保护渣/结晶器间不完美接触产生的接触热阻 R_{int}，保护渣内的导热热阻和辐射热阻；保护渣渣膜的总热阻 R_{slag} 等于液态保护渣的传热热阻 R_l 与固态保护渣的传热热阻 R_s 之和。根据结晶器表面的热流密度 q_{int}（见图 6-8（a）），铸坯表面温度 T_{sh}（见图 6-9）和结晶器表面平均温度 T_{mld}（见图 6-8（b））可以计算出总热阻 R_{tot}：

$$R_{tot} = \frac{T_{sh} - T_{mld}}{q_{int}} \tag{6-24}$$

$$R_{tot} = R_{int} + R_{slag} = R_{int} + R_s + R_l \tag{6-25}$$

通过 SHTT 实验[205,217]测得保护渣的结晶温度 T_{sol}：实验时熔融的保护渣以 100 K/s 冷却速率冷却，观察到保护渣的结晶器温度为 1050 ℃；其中冷却速率由图 6-9 确定，等于（1800~1600 K）/2 s，即 100 K/s。再根据结晶器表面的热流密度 q_{int}（见图 6-8（a）），铸坯表面温度 T_{sh}（见图 6-9）和保护渣的结晶温度 T_{sol} 可以计算出液态保护渣的热阻 R_l：

$$R_l = \frac{T_{sh} - T_{sol}}{q_{int}} \tag{6-26}$$

液态保护渣热阻包括有传导传热热阻 R_{lc} 和辐射传热热阻 $1/h_{lr}$ 两部分，因此：

$$R_l = \frac{1}{1/R_{lc} + h_{lr}} \tag{6-27}$$

其中液态渣的传导热阻：

$$R_{lc} = \frac{d_l}{k_{sl}}$$

辐射热阻：

$$\frac{1}{h_{lr}} = \frac{0.75a_l d_l + \varepsilon_{sh}^{-1} + \varepsilon_{cry}^{-1} - 1}{m^2 \sigma_B (T_{sh}^2 + T_{sol}^2)(T_{sh} + T_{sol})}$$

把式（6-26）计算的 R_l 代入液态保护渣的热阻式（6-27）中，通过里面的传导和辐射传热机制计算出液态保护渣的渣膜厚度 d_l，进而计算传导热阻 R_{lc} 和辐射热阻 $1/h_{lr}$，最后根据测量的渣膜厚度 d_m（见图 6-6），求出固态保护渣厚度 d_s：

$$d_s + d_l = d_m \tag{6-28}$$

假设保护渣/结晶器间接触热阻为 R_{int}，结合 2D-IHCP 计算的通过结晶器热面的热流密度 q_{int}（见图 6-8）和热面平均温度 T_{mld}（见图 6-8），可以计算渣膜靠近结晶器冷端的温度 T_{ss}：

$$T_{ss} = T_{mld} + R_{int} q_{int} \tag{6-29}$$

由于弯月面附近复杂的“传热、传质和传动量及化学反应”过程导致固态保护渣内复杂的相组成，实验得到的固态保护渣中含有结晶相、玻璃相也包括微裂纹、气孔等，因此很难确定固态渣膜的传热学物性属性。与单一的液相的液态保护渣渣膜相比，由于固态保护渣内部传热机制复杂，研究固态渣膜内部的传热时不能简单地把固态渣膜看成是灰体[119,218]。为了简化分析固态保护渣传热行为，采用固态渣的表观导热系数 k_e[88]，把其内部的辐射和传导传热等效成传导传热来处理；计算过程中保护渣的导热系数、发射率、吸收系数和结晶温度等，见表 6-7。式（6-30）计算出固态保护渣的热阻 R_s，式（6-31）计算出渣膜靠近结晶器冷端的温度 T_{ss} 和结晶器/渣膜间接触热阻 R_{int}：

$$R_s = \frac{d_s}{k_e} \tag{6-30}$$

$$q_{int} = \frac{T_{sol} - T_{ss}}{R_s} = \frac{T_{ss} - T_{mld}}{R_{int}} \tag{6-31}$$

表 6-7　传热物性参数

参数	数值
铸坯的发射率 ε_{sh}	0.78[219]
结晶态保护渣发射率 ε_{cry}	0.7[206]
反射因子 m	1.6[220]
Stefan-Boltzmann 常数 σ_B/W·(m²·K⁴)⁻¹	5.6705×10^{-8}
液态渣的吸收系数 a_l/m⁻¹	400[221-222]
固态渣的吸收系数 a_s/m⁻¹	4500[221-222]

续表 6-7

参数	数值
液态渣导热系数 k_{sl}/W · (m · K)$^{-1}$	1.2[223]
固态渣表观导热系数 k_e/W(m · K)$^{-1}$	2.4[88]
空气 k_a/W · (m · K)$^{-1}$	0.032
保护渣的结晶温度 T_{sol}/℃	1050

6.3.3.2 结晶器/铸坯间的传热分析

图 6-12 所示为沿着拉坯方向，结晶器与坯壳之间的传热总热阻 R_{tot}、结晶器/渣膜间的接触热阻 R_{int}、保护渣渣膜的总热阻 R_{slag}、液态保护渣的传热热阻 R_l 与固态保护渣的传热热阻 R_s。钢水液面处（$Z=0$ mm），结晶器与坯壳之间的传热总热阻 R_{tot} 为 13.7×10^{-4} m^2 · K/W，沿着拉坯方向 R_{tot} 在减小，在 $Z=8$ mm 处 R_{tot} 最小、其值为 8.0×10^{-4} m^2 · K/W，这是因为保护渣厚度 d_m 在减小（见图 6-6）；随后 R_{tot} 开始增加（在 $Z=18$ mm 处，其值为 14.9×10^{-4} m^2 · K/W）；这是因为接触热阻 R_{int}、液态保护渣的热阻 R_l 和固态保护渣的热阻 R_s 都在增加。如图 6-13 所示，结晶器/铸坯总热阻中，保护渣/结晶器间的接触热阻 R_{int}、液态保护渣热阻 R_l 和固态保护渣热阻 R_s 占的比例范围分别为 27.5%~34.4%(R_{int}/R_{tot})、17.2%~34.0%(R_l/R_{tot}) 和 38.5%~48.8%(R_s/R_{tot})。可见固态保护渣的热阻占有很大的比例，考虑到结晶器/保护渣间接触热阻很大部分是由于保护渣凝固收缩导致的，因此认为固态保护渣在控制着铸坯与结晶器之间的传热。从钢水液面处，固态保护渣的热阻 R_s 为 5.3×10^{-4} m^2 · K/W，随后开始降低，在 $Z=8$ mm 处 R_s 最小、其值为 3.9×10^{-4} m^2 · K/W，随后 R_s 增加，在 $Z=18$ mm 时 R_s 为 6.8×10^{-4} m^2 · K/W。固态保护渣的热阻 R_s 要比液相渣的热阻 R_l 大 1.2~2.6 倍。

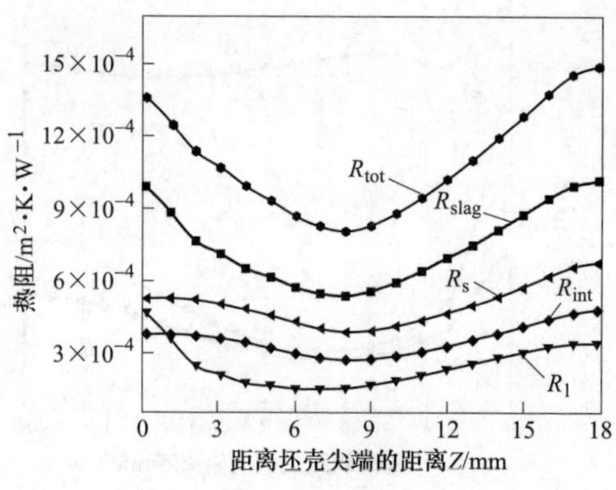

图 6-12 沿着拉坯方向结晶器与坯壳间的热阻

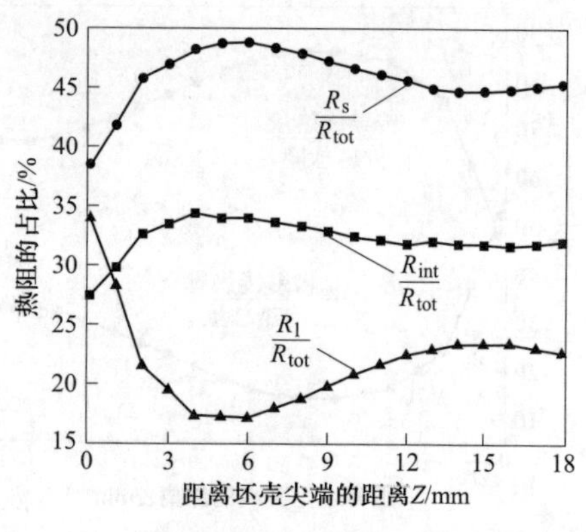

图 6-13 热阻的百分比

钢水液面处，保护渣/结晶器间接触热阻 R_{int} 为 $3.8\times10^{-4}\ m^2\cdot K/W$，沿着拉坯方向 R_{int} 缓慢降低，在 $Z=8$ mm 处 R_{int} 最小、其值为 $2.7\times10^{-4}\ m^2\cdot K/W$，这是因为这个区域的保护渣处于渣圈（rim）位置，渣圈在结晶器振动和钢水流动的作用下，渗入结晶器/铸坯间的保护渣会受到铸坯对其挤压，保护渣与结晶器紧密接触，因此接触热阻降低；接着 R_{int} 开始增加，在 $Z=18$ mm 处其值为 $4.8\times10^{-4}\ m^2\cdot K/W$；这是因为保护渣结晶、铸坯凝固收缩，以及随着坯壳的厚度生长钢水静压力传递到渣膜的力在变小。大体上接触热阻 R_{int} 随着保护渣厚度的增加而增加，减小而减小，这个与 Cho[128] 的研究结果一致。接触热阻的大小与 Nakato 等人[22] 的计算值（$(3\sim9)\times10^{-4}\ m^2\cdot K/W$）和 Yamauchi 等人[127] 的计算值（$(4\sim8)\times10^{-4}\ m^2\cdot K/W$）接近。“气隙模型”假设结晶器/铸坯的接触热阻是气隙产生的，气体在间隙内仅有传导传热，则其等效“气隙”的大小（$R_{int}\times k_a$）；在钢水液面处为 12.0 μm，随后开始缓慢降低，在 $Z=$ 8 mm 其值最小（8.6 μm），然后开始增大，在 $Z=18$ mm 处其值为 15.3 μm。

在液态保护渣中，热量传输包括导热和辐射，如图 6-14 所示，辐射传热占传热的比重从钢水液面处的 51.9%开始缓慢降低，直到 14.1%（$Z=$ 6 mm），这是因为铸坯表面温度降低 T_{sh}（见图 6-9）；接着比重开始上升，在 $Z=18$ mm 处比重为 32.9%，这是因为铸坯表面温度升高。导热传输的热量主要受到渣膜厚度的影响式（6-27），这可能是由于液态保护渣在变薄，导热热阻 R_{lc} 在降低，因此导热传热占传热量的比重增加，从钢水液面处导热传热占传热量的比重为 48.1%（R_{lc} 为 $9.6\times10^{-4}\ m^2\cdot K/W$），随后增加，在 $z=$ 6 mm 处其值为 85.9%（R_{lc} 为 $1.7\times10^{-4}\ m^2\cdot K/W$）；接着由于液态渣膜厚度的增加，导热传热的比重在降低，在 $Z=18$ mm 处其值为 67.1%（R_{lc} 为 $5.0\times10^{-4}\ m^2\cdot K/W$）。如图 6-15 所示，液态保护渣热阻 R_l 在钢水液面处为 $4.6\times10^{-4}\ m^2\cdot K/W$，随后开始降低，在 $Z=7$ mm 处 R_l 最小、其值为 $1.5\times10^{-4}\ m^2\cdot K/W$，随后升高，在 $Z=18$ mm 时为 $3.4\times10^{-4}\ m^2\cdot K/W$。

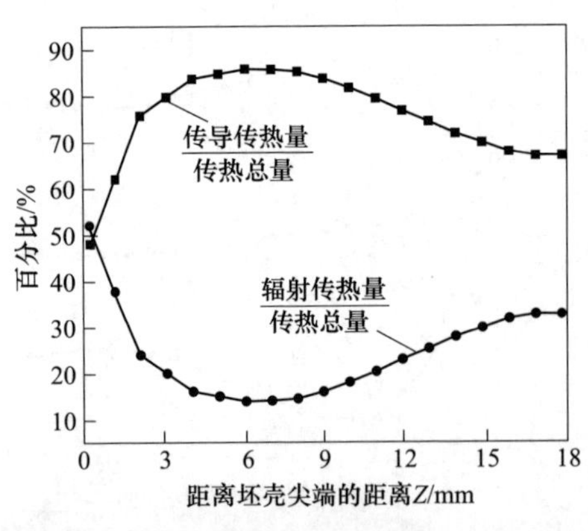

图 6-14　液态保护渣中辐射传热的比例

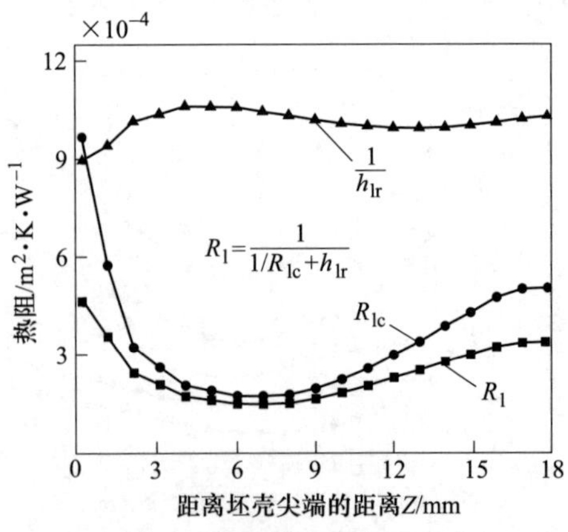

图 6-15　液态保护渣中的热阻

6.3.3.3　液态保护渣的消耗

图 6-16 所示为沿着拉坯方向测量的渣膜厚度 $d_m(=d_s+d_l)$，固态渣膜厚度 d_s 和液态保护渣厚度 d_l。弯月面区域液态渣膜厚度 d_l 从 1.2 mm 迅速变薄到 0.2 mm($Z=7$ mm)；然后沿着拉坯方向，由于坯壳表面温度的升高，液态保护渣厚度在变厚，从 0.2 mm 增加 0.6 mm($Z=18$ mm)。Cramb [112] 和 Mills 等人[224] 估算的液态渣膜厚度大约为 0.1 mm；按照 Jenkins[113] 给出的平均液态渣膜厚度公式 $1/(3V_c^{0.5})$ 计算，液态渣膜厚度为 0.43 mm。

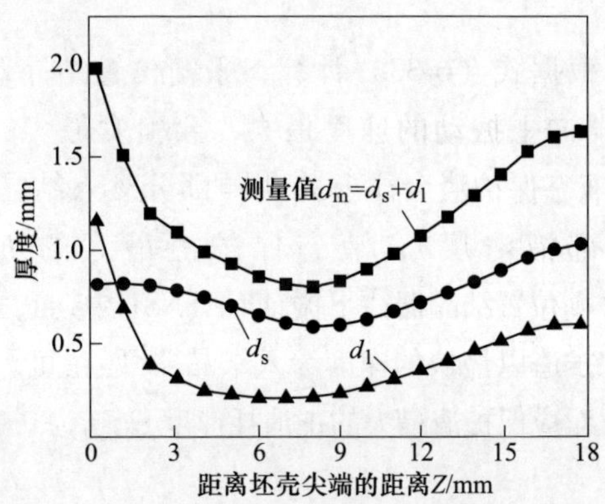

图 6-16　沿着拉坯方向固态渣膜和液态渣膜厚度

在 $Z=12$ mm 处，坯壳表面的热流密度 q_{shell} 接近于结晶器表面的热流密度 q_{int}。计算此位置的液态保护渣的消耗量。根据 Thomas [89,114] 的结晶器/铸坯间液态保护渣的运动速度 V_z 公式：

$$V_z = \frac{-(\rho_{slag}-\rho_{steel})gx^{n+2}}{\mu_s(n+2)d_l^n} + \left[\frac{V_c-V_s}{d_l} + \frac{(\rho_{slag}-\rho_{steel})gd_l}{\mu_s(n+2)}\right]\frac{x^{n+1}}{d_l^n} + V_s \quad (6\text{-}32)$$

式中，x 为固态/液态渣膜界面到液态渣膜内某点之间的水平距离，其中保护渣固/液面 $x=0$ mm，液渣内部 $x>0$。

测得保护渣动力黏度 $\mu_s=\mu_{1300}\times[(1300-T_{sol})/(T-T_{sol})]^n$，Pa·s，$\mu_{1300}=0.5$ Pa·s，$n=1.6$。在 $Z=12$ mm 处，液态保护渣厚度为 0.36 mm，铸坯表面温度为 1600 K(1327 ℃)，假设液态保护渣水平方向温度呈线性分布；保护渣密度 ρ_{slag} 为 2500 kg/m^3，g 为重力加速度 9.8 m/s^2；V_s 为紧靠结晶器壁的固态保护渣竖直方向的运动速度，假设固态保护渣黏附在结晶器上运动，则保护渣固/液界面（$x=0$ mm）的速度 V_s 等于结晶器运动速度 $V_m(=2\pi f\cos(2\pi ft))$；而与铸坯接触端的液态保护（$x=d_1$）运动速度为拉速 V_c，结晶器振动参数见表 6-3。

图 6-17 所示为根据式（6-32）计算的一个结晶器振动时间内液态渣膜内的速度变化。结晶器往上振动时（速度为正），靠近保护渣固/液界面的液态保护渣往上运动；靠近铸坯的液态保护渣随铸坯以拉速 V_c 往下运动。结晶器往下振动时（速度为负），靠近保护渣固/液界面的液态保护渣往下运动；靠近铸坯的液态保护渣仍随铸坯以拉速 V_c 往下运动。液态保护渣内部的运动速度介于液渣两端的速度之间。液态保护渣的消耗速度 Q_{liquid}（单位为 kg/(m · s)）为：

$$Q_{liquid}(t)=\int_0^{d_1}\rho_{slag}V_z\mathrm{d}x \tag{6-33}$$

如图 6-18 所示，根据式（6-33）计算，平衡位置结晶器往上振动时（正滑脱 PST 中期），结晶器向上振动的速度最大，会引发最多的液态保护渣往上运动，部分渗入渣道的液态保护渣会往上运动（部分渗入结晶器/铸坯间的液态保护渣会重新回到顶部液渣层），液态保护渣最大的负消耗速度 Q_{liquid} 为 0.0218 kg/(m · s)。平衡位置结晶器往下振动时（NST 中期），结晶器向下振动的速度最大，会引发液态保护渣以最快的速度渗入结晶器/坯壳间，即液态保护渣以最快的速度渗入渣道，因此对应保护渣最大的正消耗速度 Q_{liquid} 为 0.0270 kg/(m · s)。

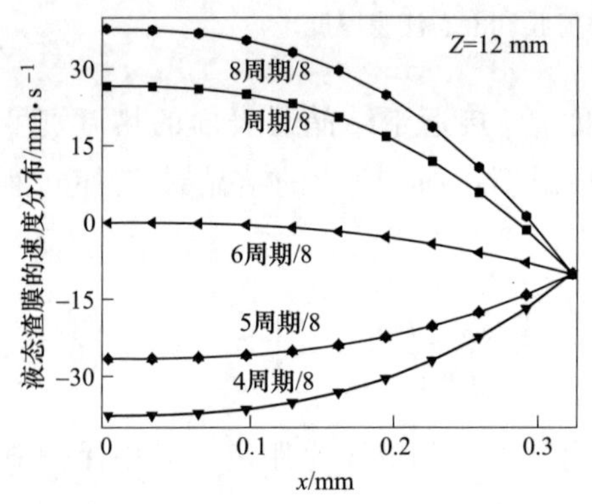

图 6-17　一个周期内液态渣膜内的速度变化

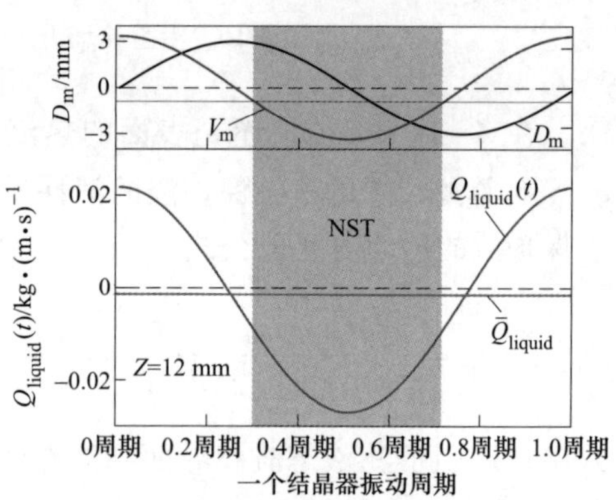

图 6-18　一个周期内保护渣的消耗速度

结晶器往下运动时，才会产生明显的保护渣消耗，尤其是在负滑脱 NST 时期，渗入润滑的速度最快；结晶器往上振动时，会引发液态保护渣整体往上运动，因此液态保护渣产生负的消耗，部分渗入结晶器/铸坯间的液态保护渣会重新回到顶部液渣层。综合考察一个振动周期发现，保护渣渗入结晶器/铸坯间的量大于出来的；一个结晶器振动周期内保护渣消耗速率 $\overline{Q}_{liquid}(t)$ 根据式（6-34）计算为1.45 g/(m · cycle)，根据式（6-35）计算保护渣消耗量 Q_s 为 0.294 kg/m^2。Jonayat 等人[146] 估算的保护渣消耗量为 0.209～0.217 kg/m^2，Shin 等人[146] 0.208～0.247 kg/m^2，Mills 等人[224] 0.10～0.60 kg/m^2。

$$\overline{Q}_{\text{liquid}} = \int_0^{1/f} \int_0^{d_1} \rho_{\text{slag}} V_z \mathrm{d}x\mathrm{d}t \tag{6-34}$$

$$Q_s = \frac{f}{1 \cdot V_c} \int_0^{1/f} \int_0^{d_1} \rho_{\text{slag}} V_z \mathrm{d}x \cdot 1 \cdot \mathrm{d}t = \frac{f}{V_c} \overline{Q}_{\text{liquid}} \tag{6-35}$$

7 渣钢反应对连铸钢水初始凝固的影响

使用连铸结晶器钢液初始凝固热模拟装置研究了渣钢反应对初始坯壳凝固及渗入结晶器/坯壳间渣膜的传热和润滑行为的影响。结果表明，浇铸过程中，随着渣钢反应的进行，保护渣的 Al_2O_3 含量、CaO/SiO_2 比和黏度均有所增加。渣钢反应对初始坯壳凝固有 2 个主要影响：（1）通过减少渣膜厚度增加结晶器热流密度和坯壳厚度；（2）通过增加渣膜中晶体分数降低结晶器热流密度。碱度、黏度和结晶温度较低的保护渣会导致更多的液态渣消耗和不均匀的渗入到结晶器和坯壳间隙中，最终导致初始坯壳不规则凝固并且表面质量差，例如夹渣、凹陷等。相反，黏度、碱度和结晶温度较高的保护渣会导致更少的液态渣消耗，从而导致结晶器润滑不良、坯壳表面缺陷和拉痕。

7.1 概　　述

在连铸过程中，通常会在结晶器钢水表面添加结晶器保护渣，以保护钢水不被氧化、绝热保温，同时起吸收钢水中的夹杂物、润滑新形成的坯壳，以及控制结晶器与坯壳之间的传热的作用。结晶器渣金界面，液态保护渣中的二氧化硅与钢水中的合金元素发生化学反应，生成产物如 Al_2O_3 和 TiO_2 进入保护渣中，下式所示：

$$4[Al] + 3(SiO_2) = 3[Si] + 2(Al_2O_3) \tag{7-1}$$

$$[Ti] + (SiO_2) = (TiO_2) + [Si] \tag{7-2}$$

随着钢渣反应的进行，结晶器保护渣中 Al_2O_3 和 TiO_2 的含量会增加，这会导致结晶器与坯壳之间渣膜中最常见的钠钙硅酸盐（$Ca_4Si_2O_7F_2$）晶体可能部分被长石（$NaAlSiO_4$）和葛兰石（$Ca_2Al_2SiO_7$）所取代，进而影响保护渣的传热性能。此外，Al_2O_3 含量的增加将导致保护渣转折温度（T_{br}）、液相温度（T_{liq}）、凝固温度（T_{sol}）、结晶相分数（f_{crys}）和黏度（η）增加。根据常用的保护渣消耗量公式 $Q_{slag} = 0.55/(\eta^{0.5} \cdot V_c)$ 或 $Q_{slag} = 0.6/(\eta \cdot V_c)$ 进行计算，这可能会导致结晶器与坯壳之间保护渣消耗量减少，从而可能恶化结晶器的润滑。一旦氧化铝的含量超过临界值（为 15%～20%），将出现严重的铸坯质量问题，如严重的坯壳表面裂纹等。因此，深入了解连续浇铸过程中液态保护渣与钢液的反应对结晶器保护渣性能的影响对于控制最终铸坯质量至关重要。

前人的研究表明，液态渣膜的厚度（d_l）决定了振动结晶器与坯壳之间的润滑，其中 T_{br} 或 T_{sol} 的增加会导致 d_l 的减小，从而可能恶化结晶器的润滑。此外，结晶器热流密度通常会随着固态渣膜厚度（d_s）和渣膜中结晶相分数（f_{crys}）的增加而减小。另外，渣膜的结晶将通过在晶界处散射辐射而减少热传递，并导致结晶器与渣膜之间形成界面热阻（R_{int}）。实际上，结晶器与渣膜之间的界面热阻 R_{int} 会随着 f_{crys} 和 d_s 的增加而增加。Esaka 和 Yamauchi 等人[122,135]的研究表明，结晶器/坯壳渣膜的厚度会随着渣的碱度（CaO/SiO_2）和 T_{sol} 的增加而减小。Hanao 等人[88,119]研究了包晶钢连铸过程中结晶器弯月面区域渣膜的传热行为，结果发现，渣膜的厚度随着碱度的增加而减小，但与 T_{sol} 无关，而结晶器热流密度随着 f_{crys} 和 T_{sol} 的增加而减小。然而，工厂数据的统计分析和数值模型表明，结晶器热流密度随着渣的黏度增加而增加，或随着 T_{br} 的增加而减小。因此，关于渣的黏度和碱度对结晶器热流密度的确切影响仍存在不一致之处。

最近，Cho 等人[223]通过工业试验评估/开发了高铝钢连铸结晶器保护渣的性能，旨在限制钢中的铝与结晶器保护渣之间的反应。然而，为了开发结晶器保护渣，在工业连铸机上的进行试验不总是可行。Badri[77-78]、Sohn[178-179]、Wang[225-230]和 Moon 等人[151]已经扩展了连铸结晶器钢液初始凝固热模拟装置的应用，可以在实验室条件下评估结晶器保护渣对坯壳表面质量的性能。例如，Sohn 等人[178-179]研究了结晶器保护渣渣膜动态结晶行为对中碳钢和低碳钢坯壳表面轮廓的影响。Wang 等人[225-230]研究了连铸参数，如钢液过热度、结晶器液位波动、结晶器频率和振幅对初始坯壳的凝固，以及渗入结晶器/坯壳间隙的保护渣渣膜润滑和传热行为的影响。然而，鲜有报道研究液态结晶器保护渣与钢液之间的反应对初始坯壳表面轮廓、坯壳凝固、渗入结晶器/坯壳间的渣膜的润滑和传热行为的影响[231]。

本章介绍了使用连铸结晶器钢液初始凝固热模拟装置评估了保护渣中 Al_2O_3 和 TiO_2 积累对渗入结晶器/坯壳间的渣膜的传热和润滑特性，以及连续浇铸 IF 钢初始凝固过程的影响。使用连铸结晶器钢液初始凝固热模拟装置设计了 4 次连铸拉坯试验。即在向钢液顶部加入结晶器保护渣后，待钢渣反应了 5 min、12 min、20 min 和 25 min 后分别使用连铸结晶器钢液初始凝固热模拟装置进行连铸拉坯试验，由于随着渣钢反应的进行，结晶器保护渣中 Al_2O_3 含量和 CaO/SiO_2 比率随着保护渣与钢液之间的反应逐渐增加。

根据不同的渣钢反应时间，获得不同成分含量的保护渣，然后待渣钢反应时间一到，立即进行连铸拉坯试验，以获得初始坯壳和渗入结晶器与坯壳之间的保护渣渣膜。通过这种方法，可以研究渣钢反应过程对保护渣性能（润滑和结晶行为）、初始坯壳表面轮廓、坯壳凝固，以及渗入结晶器/坯壳间的渣膜结晶形态的影响，进而阐明液态保护渣与钢液反应对渣性能和连续浇铸初始坯壳的凝固质量的影响机制。

7.2 实验过程

连铸结晶器钢液初始凝固热模拟装置实验的操作步骤如下：(1) 在具有 MgO 衬里和99.99%纯度氩气氛围的感应炉中熔化约 20 kg 的无间隙原子 IF 钢（含钛，铝的超低碳钢，成分见表 7-1）。(2) 调整钢液温度至目标值（以控制过热度）；将金属铝（约 100 g）作为脱氧剂添加到钢液中；(3) 将 IF 钢用的连铸结晶器保护渣（约 0.5 kg，成分见表 7-2）加入钢液表面，以在钢液表面形成一层厚度为 6~9 mm 的熔融保护渣层。(4) 当目标钢液-渣反应时间到达后，对保护渣进行取样并 X 射线荧光化学成分分析，装备有拉坯器的结晶器往下运动进入熔体，同时结晶器保持振动。(5) 结晶器和拉坯器下降到预设的深度，以使液态保护渣表面和钢液的弯月面位于结晶器热电偶测量区域。结晶器和拉坯器达到目标位置后，保持 5 s，以形成结晶器上的初始坯壳，以确保初始坯壳足够坚固，以防止在拉坯过程中撕裂。(6) 拉坯器以给定的拉坯速度将凝固的坯壳向下拉，同时结晶器以一定速度向上移动，以补偿结晶器液位的上升，以使液态保护渣表面和弯月面保持相对于结晶器的相同位置。当浇铸达到所需的长度时，结晶器和拉坯器从炉内取出，然后在空气中冷却。(7) 标记坯壳尖端相对于结晶器的位置，然后切除凝固坯壳和取出结晶器表面上的渣膜以进行进一步研究。采用二维热传导反问题（2D-IHCP）从测量的结晶器壁温度数据中反演结晶器热的热流密度和温度，反问题计算时热电偶安装位置和反问题计算区域如图 2-1 所示计算区域为矩形 *ABCD*，其中 *AB* 是靠近热坯壳的结晶器表面，*CD* 是靠近冷却通道的另一侧。

表 7-1　钢的成分（质量分数）　　(%)

成分	C	Si	Mn	P	S	Al	Ti	Nb
含量	0.0008	0.005	0.107	0.0113	0.0041	0.0335	0.0189	0.0112

表 7-2　保护渣的成分（质量分数）　　(%)

成分	CaO	SiO_2	Al_2O_3	MgO	F	Na_2O	MnO	TiO_2	Fe_2O_3	CaO/SiO_2
初始	36.00	37.50	6.00	3.00	6.00	7.00	—	—	—	0.96
E1	36.50	35.93	7.79	3.58	5.73	6.64	0.25	2.60	2.54	1.02
E2	35.55	34.14	10.35	3.33	4.56	6.10	0.58	4.19	1.06	1.04
E3	34.05	31.74	12.98	5.32	3.37	5.48	0.77	4.85	1.28	1.07
E4	33.77	30.76	13.89	5.63	3.62	4.96	0.88	4.92	1.36	1.10

本章研究的钢种为 IF 钢，通过渣钢反应来改变保护渣成分。进而采用连铸结晶器钢液初始凝固热模拟装置研究反应变性后的保护渣对 IF 钢连续浇铸过程中初始坯壳表面轮廓、坯壳凝固和渗入结晶器/坯壳间的渣膜的结晶形态的影响。为此设计了 4 次连铸结晶器钢液初始凝固热模拟装置拉坯时间实验 E1、E2、E3 和 E4，分别在向钢液顶部加入结晶器保护渣后的 5 min、12 min、20 min 和 25 min 进行拉坯实验。对于每次拉坯实验前，对保护渣取向并进行了 X 射线荧光化学成分分析。E1、E2、E3 和 E4 实验取样的结晶器保护渣的化学成分列在表 7-2 中，其中保护渣中的 Al_2O_3 含量（质量分数）随着渣金反应的进行从原来的 6%分别增加到 7.26%、10.34%、13.50%和 14.56%。此外，CaO/SiO_2 比从 0.96 分别增加到 1.02、1.04、1.07 和 1.10。根据 E1、E2、E3 和 E4 拉坯实验取样的结晶器保护渣成分，重新配渣，然后通过旋转筒法 Brookfield DV-Ⅱ+高温熔渣黏度计（Brookfield Inc.）测量这 4 种保护渣的黏度。浇铸参数，如浇铸温度、拉坯速度、结晶器振动频率和振幅列在表 7-3 中。

表 7-3 实验的连铸工艺参数

参数	数值
结晶器振动频率 f/Hz	2.08
结晶器振动振幅 A/mm	4.9
拉坯速度 V_c/m · min^{-1}	0.72
钢水浇铸温度 T_c/K(℃)	1825.15（1555）

7.3 结果与讨论

7.3.1 初始坯壳表面形貌

图 7-1 所示为通过连铸结晶器钢液初始凝固热模拟装置拉坯实验获得的初始凝固坯壳和结晶器之间的保护渣渣膜。对于实验 E1，初始坯壳表面较平整，表面上出现了波纹，而 E1 实验中获得的结晶器保护渣渣膜显示出一个大的整体块，表明在连铸结晶器钢液初始凝固热模拟装置实验期间渗入良好。在坯壳表面的边缘附近的小区域观察到包裹着微小渣（标记为 A），这可能与观察到结晶器液面波动有关，液面波动导致结晶器与坯壳之间的保护渣渗入不均匀，进而导致坯壳表面出现夹渣现象。对于实验 E2，坯壳表面出现明显的凹陷和冰川形貌（标记为 B），结晶器和坯壳之间的渣膜厚度非常不规则。初始坯壳表面轮廓上冰川形貌的形成可能与结晶器/坯壳间隙渣膜不规则渗入和初始坯壳不均匀凝固有关。对于实验 E3，坯壳表面出现明显的波浪形，带有规则的深振痕。对于实验 E4，坯壳表面呈现不规则的振痕和明显的波纹，由于润滑不足，顶部右侧清晰可见拉

痕（标记为 C）。在这种情况下获得的渣膜是碎片状的，这是由于结晶器和坯壳之间液态渣渗入不足引起的。此外，明显观察到 E2 和 E4 实验下表面缺陷下的明显卷渣。

图 7-1　连铸结晶器钢液初始凝固热模拟装置连铸实验获得的坯壳和渣膜

（a）初始坯壳表面；（b）渗入结晶器与坯壳之间的渣膜

7.3.2　坯壳厚度

图 7-2 所示为拉坯实验 E1、E2、E3 和 E4 获得的初始凝固坯壳沿着拉坯方向的坯壳中心线上的坯壳纵向截面。初始凝固坯壳的顶部呈现出弯月面形状，这是因为坯壳拉出熔池时弯月面上部分钢液凝固并冻结成固体弯月面形状所致。图 7-3 所示为测量的 E1、E2、E3 和 E4 四个拉坯实验获得的初始坯壳沿着拉坯方向的厚度（d_{shell}）。使用凝固平方根定律公式 $d_{shell} = K \cdot t_s^{1/2}$ 对坯壳厚度（d_{shell}）进行拟合，其中凝固时间（t_s，s）通过方程 $t_s = l/V_c$（l 为离坯壳尖端的距离，V_c 为拉坯速度）计算。拟合度 R^2 接近 1 表明凝固平方根定律对坯壳厚度生长规律拟合较佳，初期坯壳厚度生长较为均匀。因此，R^2 可作为评估初始凝固坯壳生长均匀性的指标。拉坯实验 E1、E2、E3 和 E4 获得的初始凝固坯壳的凝固系数 K 分别拟合为 1.24 mm/s$^{1/2}$、1.44 mm/s$^{1/2}$、1.43 mm/s$^{1/2}$ 和 1.54 mm/s$^{1/2}$。E4 和 E1 的拟合度 R^2 分别为 0.98 和 0.91，这表明 E4 坯壳厚度比 E1 的生长更均匀。在 E1、

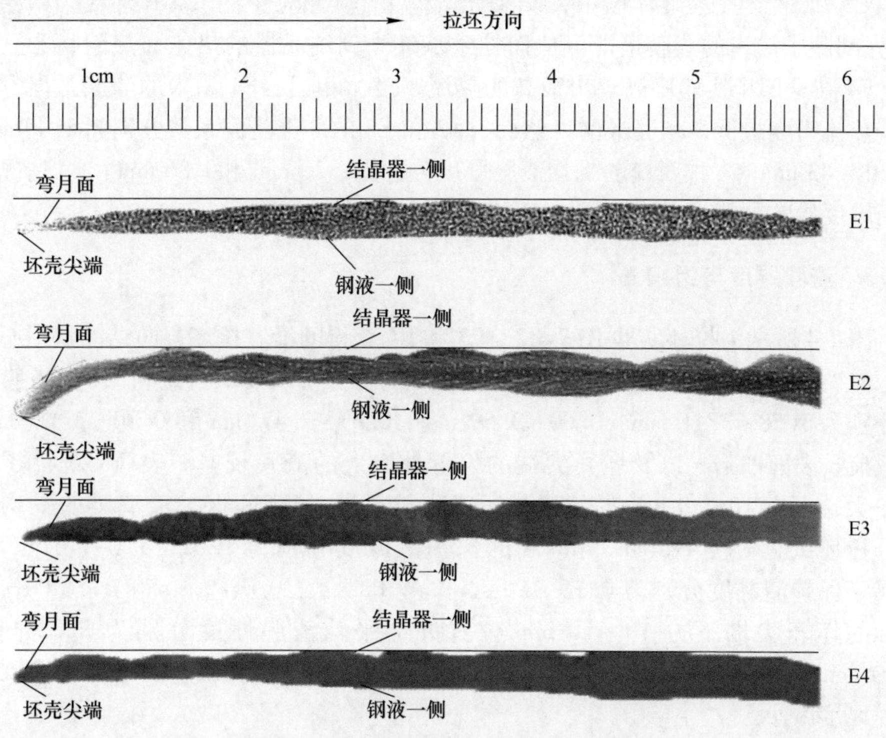

图 7-2 沿着拉坯方向初始坯壳的纵截面

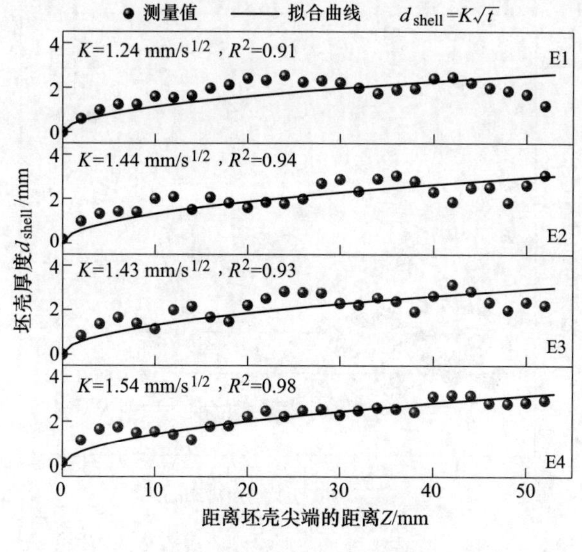

图 7-3 测量的坯壳厚度

E2、E3 和 E4 四个拉坯实验中，E4 坯壳最厚；这可能归因于 E4 拉坯实验结晶器/坯壳间隙中渗入的渣膜最薄，从而导致从坯壳到结晶器的热传递热阻更小。因此，E4 在这四个实验中表现出最高的热流密度。相反，E1 渗入的渣膜最厚，因此其热流密度最低，坯壳最薄。然而，E2 和 E3 的坯壳凝固系数分别为 1.44mm/$s^{1/2}$ 和 1.43 mm/$s^{1/2}$，对应的平均渣膜厚度分别为1.20 mm 和0.86 mm。E3 情况下坯壳厚度异常可能与 E3 渣膜中出现的较高晶相分数有关。

7.3.3 渣膜厚度与组织

图 7-4 所示为拉坯实验 E1、E2、E3 和 E4 获得的沿着拉坯方向结晶器中心线上方渗入结晶器与坯壳之间的保护渣渣膜的厚度。E1、E2、E3 和 E4 的渣膜厚度分别为 1.58~3.41 mm、0.60~3.59 mm、0.37~2.47 mm 和 0.30~2.15 mm。在振痕、表面凹陷，以及坯壳尖端的位置处渗入的渣膜较厚。表 7-4 统计了的坯壳尖端下方 10~50 mm 的位置处，渗入结晶器/坯壳间保护渣渣膜的平均厚度。拉坯试验 E1、E2、E3 和 E4 的保护渣碱度分别为 1.02、1.04、1.07 和 1.10，保护渣黏度分别为 0.35 Pa · s、0.47 Pa · s、0.58 Pa · s 和 0.76 Pa · s，得到的坯壳尖端下方 10 ~ 50 mm 位置处的平均渣膜厚度分别为 2.02 mm、1.20 mm、0.86 mm 和 0.57 mm。这表明，随着渣膜黏度和碱度的增加，渗入的渣膜厚度减小。

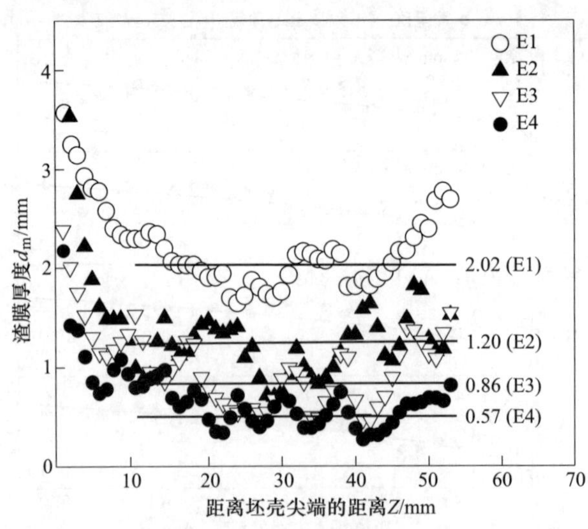

图 7-4 结晶器与坯壳之间保护渣渣膜的厚度

表 7-4 热流密度、温度、渣膜厚度和凝固系数表

试验编号	E1	E2	E3	E4
弯月面平均热流密度/$MW \cdot m^{-2}$ 标准差	1.17, 0.23	1.57, 0.19	1.47, 0.18	2.07, 0.14
结晶器表面平均温度/K	361	382	377	413
凝固系数 $K/mm \cdot s^{1/2}$, 拟合度 R^2	1.24, 0.91	1.44, 0.94	1.43, 0.93	1.54, 0.98
渣膜平均厚度/mm	2.02	1.20	0.86	0.57

黏度和碱度较低的保护渣可能导致结晶器/坯壳之间较厚且不规则的渣膜渗入，进而导致初始坯壳的不规则凝固和表面质量下降，例如表面夹渣、凹陷及坯壳表面冰川形貌等问题。这可能与保护渣的低碱度及控制传热性能不佳有关。相反，黏度和碱度较高的结晶器保护渣可能导致结晶器/坯壳之间较薄的渣膜渗入，但可能导致结晶器润滑性能不佳，最终导致纵向坯壳表面缺陷和拉痕等问题。这可能与保护渣的高黏度及润滑性能不佳有关。因此，存在一个适宜的黏度和碱度范围，可实现保护渣的传热性能和润滑性能之间的协同调控，从而获得表面质量良好的初始凝固坯壳。

图 7-5 所示为拉坯实验 E1、E2、E3 和 E4 获得的结晶器/坯壳之间保护渣渣膜的电子扫描显微镜 SEM 分析图像。沿着拉坯方向取上部位置、中部位置和下部位置对渗入结晶器与坯壳之间的保护渣渣膜进行电子扫描显微镜 SEM 分析，其中上部位置指的是坯壳尖端下方 6 mm 处、中部位置指的是坯壳尖端下方 28 mm 处，下部位置指的是坯壳尖端下方 42 mm 处。对于实验 E1 而言，从渣膜的上部到下部都可以观察到明显的结晶特征。由于下部渣膜的结晶时间更长，因此下部的晶相分数高于上部的结晶器保护渣渣膜。

拉坯实验 E2 中的保护渣经历了 12 min 的渣钢反应，保护渣中的 Al_2O_3 含量（质量分数）增加到 10.34%。与 E1 试验中的渣膜相比，E2 实验中的渣膜中的等轴晶变得更加常见，这是由于 Al_2O_3 含量和 CaO/SiO_2 比的增加导致 E2 保护渣具有较高的黏度和结晶倾向。对于 E3 实验中的渣膜，观察到粗大的树枝状晶体沿着从坯壳向结晶器传热方向生长。这是由于结晶器保护渣的结晶倾向增加以及结晶器与坯壳之间的温度梯度差异较大所致。结晶器保护渣的厚度约为 0.86 mm。同时，随着渣钢反应的进行，E3 实验中碱度增加并且渣中 Al_2O_3 含量增加，导致了渣的黏度增加。在 E4 试验中，保护渣的黏度是 E1、E2、E3 和 E4 这四个实验中最高的。此外，渗入的渣膜最薄，厚度为0.57 mm。结晶器和初始坯壳之间的间隙内温度梯度极高，这将导致在这种情况下冷却速度最快。因此，大部分渣膜以玻璃相形式存在。在图 7-1 的 E4 渣膜中，可以清晰地观察到玻璃相的结晶器保护渣。在从结晶器中剥离坯壳的过程中，这种薄而脆的渣膜非常容易断裂。

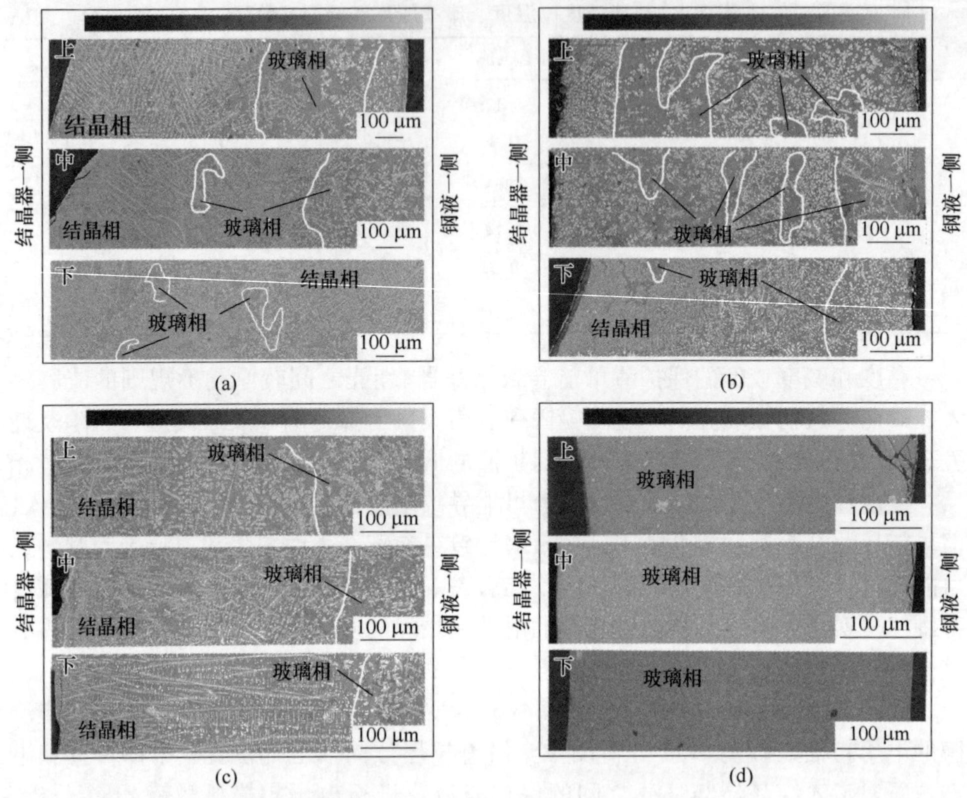

图 7-5 在结晶器和钢之间的不同位置拍摄的结晶器保护渣渣膜的 SEM 图像

(其中上、中和下分别表示距坯壳尖端 6 mm、28 mm 和 42 mm 的位置)

(a) E1; (b) E2; (c) E3; (d) E4

在连铸过程中，结晶器/坯壳间渣膜的渗入厚度随着渣钢反应的进行而减小，这是由于保护渣的黏度和碱度随着渣钢反应的进行而增加。沿着拉坯方向，坯壳与结晶器之间渗入的结晶器保护渣是动态结晶的过程。渣膜中晶体的形态是保护渣化学成分、冷却速率和黏度的综合作用的结果。一般来说，晶体更喜欢定向生长，晶相分数随着 Al_2O_3 和 CaO/SiO_2 比的增加而增加，即 E1 和 E3 渣膜。同时，如果冷却速度足够高，渣膜将形成玻璃相，即 E4 情况。

7.3.4 结晶器传热行为

将浇铸过程中测得的结晶器温度传入二维传热反问题模型 2D-IHCP 反演出结晶器的热流密度和温度。图 7-6 为 E1、E2、E3 和 E4 实验连铸过程中，坯壳尖端下方 7 mm 处结晶器热面的温度。E1、E2、E3 和 E4 连铸实验中，坯壳尖端下方 7 mm 处结晶器表面的温度范围分别为 340～372 K、362～384 K、360～381 K

和 391~428 K。值得注意的是，E4 实验的结晶器热面温度最高，其次依次为 E2、E3 和 E1。

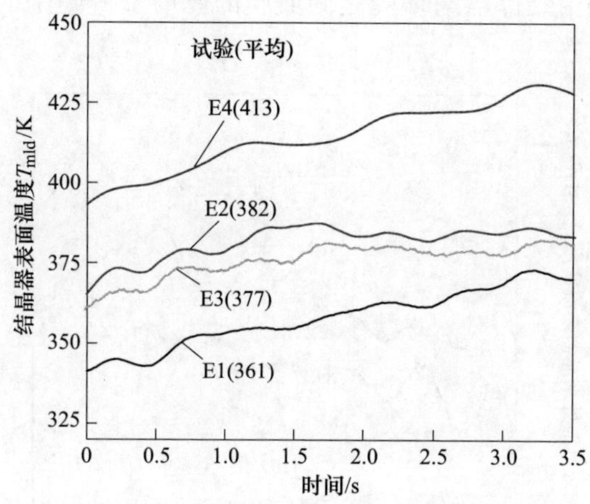

图 7-6 连铸时结晶器表面的温度变化

图 7-7 所示为连铸过程中，在坯壳尖端下方 7 mm 处，结晶器热面的热流密度，E1、E2、E3 和 E4 的热流密度分别在 1.17 MW/m^2、1.57 MW/m^2、1.47 MW/m^2 和 2.07 MW/m^2 的基线周围波动，他们的平均热流密度列在表 7-4 中。渣-钢反应对结晶器热流密度和温度有两个主要影响。一方面，渣膜厚度在初始凝固过程可能中起主导作用。由于钢渣反应导致保护渣成分变化，进而引起保护渣的黏度和碱度增加，这会导致结晶器与坯壳之间渗入渣膜的厚度减小。在结晶器和坯壳之间较厚的渣膜会导致从坯壳到结晶器的热传递的热阻更高。如果渣膜厚度在初始凝固过程中起主导作用，那么随着渣膜厚度减小，结晶器的热流密度、结晶器表面温度和坯壳的凝固系数会增加。以 E1、E2 和 E4 三个拉坯实验为例，三个拉坯实验的结晶器与坯壳之间渗入渣膜的平均厚度分别为 2.02 mm、1.20 mm 和 0.57 mm，平均热流密度分别为 1.17 MW/m^2、1.57 MW/m^2 和 2.07 MW/m^2，坯壳的凝固系数分别为 1.22 $mm/s^{1/2}$、1.44 $mm/s^{1/2}$ 和 1.54 $mm/s^{1/2}$，结晶器表面的平均温度分别为 361 K、382 K 和 413 K。另一方面，渣膜晶相分数在初始凝固过程可能中起主导作用。随着连铸的进行，钢渣反应使得保护渣中的 Al_2O_3 含量和 CaO/SiO_2 比值升高，进而导致渗入结晶器与坯壳之间渣膜的晶相分数增加。以 E2 和 E3 拉坯实验为例，尽管 E2 渣膜比 E3 渣膜稍厚，但 E3 渣膜中结晶较多，导致 E3 渣膜的热阻比 E2 的热阻大，从 1.75~3.5 s 的拉坯时间内，E3 实验的整体结晶器热流密度会低于 E2 实验的结晶器热流密度。此外，E3 的坯壳凝固系数为 1.43 $mm/s^{1/2}$，结晶器热面的平均温度为 377 K，略低于 E2 的凝固系数（1.44 $mm/s^{1/2}$）和结晶器热面的平均温度（382 K）。还需要注意的是，在

E3 连铸实验的后期（1.75~3.5 s），结晶器热流密度在下降，这可能是由于初始坯壳的变形导致渣膜厚度增加（见图 7-3）。总体而言，结晶器热流密度和坯壳的凝固系数是由结晶器与坯壳之间渣膜的厚度及渣膜中的结晶分数共同作用的结果。

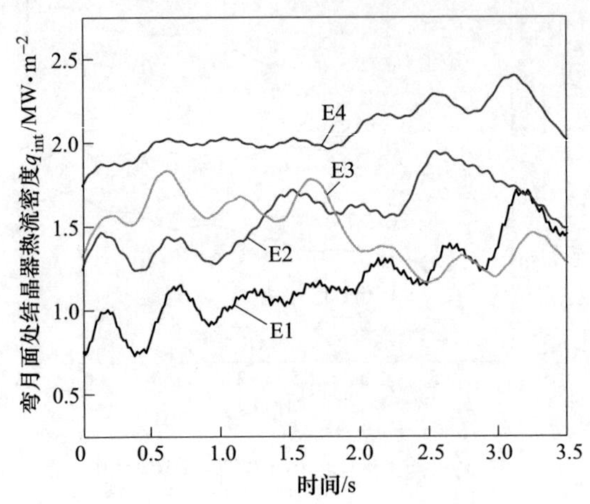

图 7-7　连铸时结晶器的热流密度

此外，结晶器热流密度的波动会导致初始凝固坯壳厚度的不均匀生长。对于 E1、E2、E3 和 E4 连铸实验，结晶器热流密度波动的标准偏差分别为 0.23 MW/m^2、0.19 MW/m^2、0.18 MW/m^2 和 0.14 MW/m^2，热流密度的波动幅度与其平均值的比率分别为 19.66%（0.23/1.17）、12.10%（0.19/1.57）、12.24%（0.18/1.47）和 6.76%（0.14/2.07），相应的坯壳厚度的拟合度 R^2 分别为 0.91、0.94、0.93 和 0.98。

7.3.5　保护渣渣膜的传热与润滑行为

7.3.5.1　渣膜的传热与润滑数学模型

图 7-8 所示为结晶器和坯壳之间传热的热阻模型示意图。结晶器和坯壳之间的总热阻 R_{tot} 包括结晶器/渣膜界面热阻 R_{int}，固态渣膜热阻 R_s 和液态渣膜热阻 R_l。为了简化渣膜中的热传递，进行了以下 3 个假设：（1）坯壳侧的液态渣膜温度等于坯壳表面温度，（2）忽略渣膜发生的相变行为产生的热量，（3）由于从坯壳到结晶器的热量传递量（q_{int}）远大于在渣膜中积累的热量，因此假设在渣膜中的热达到了稳态。根据叠加原理，通过结晶器表面的热流密度（q_{int}）将被视为穿过渣膜的热流密度的水平分量。

通过连铸结晶器钢液初始凝固热模拟装置实验，可以得到平均结晶器表面热流密度 q_{int}、钢液液相线温度 T_{liq}、结晶器保护渣结晶温度 T_{sol} 和平均结晶器表面

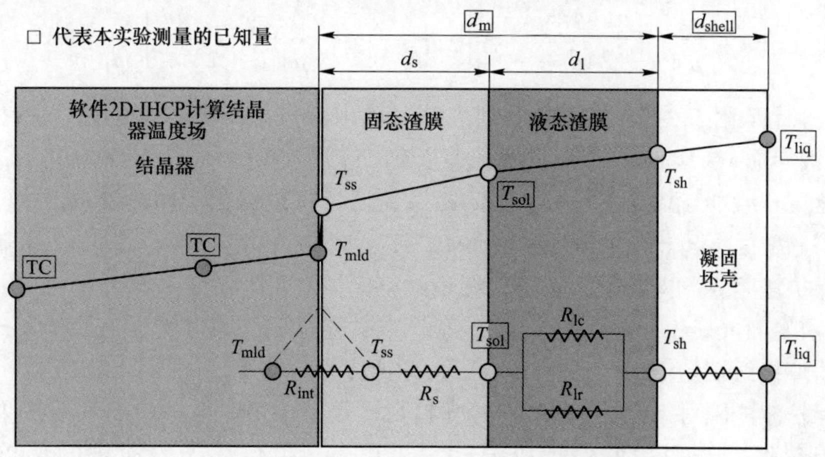

图 7-8 结晶器-渣膜-钢液传热模型示意图

温度 T_{mld}。结晶器和坯壳之间传热的热阻模型中的未知变量包括：结晶器和坯壳之间的总热阻 R_{tot}，结晶器/渣膜界面热阻 R_{int}，固态渣膜热阻 R_s和液态渣膜热阻 R_l，以及坯壳表面温度 T_{sh}和渣膜表面温度 T_{ss}。这些变量之间的关系可以用以下方程描述：

$$q_{int} = \frac{T_{sh} - T_{mld}}{R_{tot}} = \frac{T_{ss} - T_{mld}}{R_{int}} = \frac{T_{sol} - T_{ss}}{R_s} = \frac{T_{sh} - T_{sol}}{R_l} = \frac{k_{steel}}{d_{shell}}(T_{liq} - T_{sh}) \quad (7\text{-}3)$$

式中，$R_{tot}(= R_{int} + R_s + R_l)$为结晶器/坯壳之间的热阻；$k_{steel}$为钢的热导率；$d_{shell}$为坯壳厚度；$T_{sol}$为固态渣膜和液态渣膜之间的平衡温度，其值等于通过 SHTT 的实验获得的结晶温度。

液态渣膜热阻 R_l由液态渣膜导热热阻 R_{lc}和液态渣膜辐射热阻 $1/h_{lr}$两部分并联组成，即：

$$R_l = \frac{1}{1/R_{lc} + h_{lr}} \quad (7\text{-}4)$$

式中，液态渣膜导热热阻 R_{lc}等于液态渣膜厚度除以液态渣膜的导热系数，即 $R_{lc} = d_l/k_{sl}$，而液态渣膜的辐射热阻可由下式计算得出：

$$\frac{1}{h_{lr}} = \frac{0.75a_l d_l + \varepsilon_{sh}^{-1} + \varepsilon_{cry}^{-1} - 1}{m^2\sigma_B(T_{sh}^2 + T_{sol}^2)(T_{sh} + T_{sol})} \quad (7\text{-}5)$$

如果已知 R_l、T_{sh}和 T_{sol}，则可以通过式（7-4）和式（7-5）计算出液态渣膜的厚度 d_l。基于液态渣膜厚度 d_l，可以从测得的渣膜厚度 d_m计算得到固态渣膜的厚度 d_s：

$$d_s = d_m - d_l \quad (7\text{-}6)$$

根据 Thomas [89,114]的结晶器/铸坯间液态保护渣的运动速度 V_z公式：

$$V_z = \frac{-(\rho_{slag} - \rho_{steel})gx^{n+2}}{\mu_s(n+2)d_1^n} + \left[\frac{V_c - V_s}{d_1} + \frac{(\rho_{slag} - \rho_{steel})gd_1}{\mu_s(n+2)}\right]\frac{x^{n+1}}{d_1^n} + V_s \tag{7-7}$$

式中，x 是从固态/液态渣膜界面到液态渣膜内某点之间的水平距离，其中保护渣固/液界面 $x=0$ mm，液渣内部 x 大于0；ρ_{slag}为渣密度，ρ_{steel}为钢密度；g 为重力加速度；n 为与温度相关的黏度的指数，通过将由保护渣的黏度-温度（μ_s-T）曲线与函数$\mu_s=\mu_{1300}\times[(1300-T_{sol})/(T-T_{sol})]^n$拟合得到；$V_s$为紧靠结晶器壁的固态保护渣竖直方向的运动速度，假设固态保护渣黏附在结晶器上运动，则保护渣固/液界面（$x=0$ mm）的速度 V_s 等于结晶器运动速度 $V_m[=2\pi f\cos(2\pi ft)]$；而与铸坯接触端的液态保护（$x=d_1$）运动速度为拉速 V_c。

保护渣渣膜对结晶器/坯壳的润滑起到了重要作用。保护渣的润滑效果可以通过单位坯壳表面积的保护渣消耗量来衡量。单位坯壳表面积的保护渣消耗（Q_{slag}）公式。

$$Q_{slag} = \frac{f\rho_{slag}}{V_c}\int_0^{1/f}\int_0^{d_1} V_z \mathrm{d}x\mathrm{d}t \tag{7-8}$$

选择坯壳尖端下方7 mm位置处的渣膜传热行为来表征结晶器/坯壳之间渣膜的传热行为。表7-5显示了连铸的最后结晶器振动周期（3.0~3.5 s）期间，坯壳尖端下方7 mm处结晶器表面的平均热流密度（q_{int_7}）和温度（T_{mld_7}），其值可以图7-6和图7-7的数据计算得到。在四个实验（E1、E2、E3和E4）中，q_{int_7}分别为1.56 MW/m²、1.64 MW/m²、1.36 MW/m²和2.25 MW/m²，T_{mld_7}分别为371.47 K、384.96 K、380.83 K和426.51 K。此外，实验结果还包括了坯壳尖端下方7 mm处的坯壳厚度（d_{shell_7}）和渗入的结晶器/坯壳渣膜厚度（d_{m_7}）。通过式（7-3）~式（7-8），可以计算出距离坯壳尖端7 mm处的结晶器/坯壳之间的总热阻R_{tot}、结晶器/渣膜的界面热阻R_{int}、固态渣膜的热阻R_s、液态渣膜的热阻R_l、坯壳表面温度T_{sh}、渣膜表面温度T_{ss}、固态渣膜的厚度d_s、液态渣膜的厚度d_l和保护渣消耗量Q_{slag}。在计算过程中，使用了结晶器保护渣和钢的物理性质，如坯壳发射率ε_{sh}和热导率T_{sol}（见表7-6）。

表7-5　传热模型中输入的初始参数

实验编号	E1	E2	E3	E4
最后一个结晶器振动周期的平均结晶器表面温度 T_{mld_7}/K	371.47	384.96	380.83	426.51
最后一个结晶器振动周期的平均结晶器热流密度 q_{int_7}/MW · m^{-2}	1.56	1.64	1.36	2.25
测量的初始坯壳厚度 d_{shell_7}/mm	1.24	1.40	1.38	1.48

续表 7-5

实验编号	E1	E2	E3	E4
测量的保护渣渣膜的厚度 d_{m_7}/mm	2.34	1.49	1.25	1.08
1300 ℃保护渣的黏度 μ_{1300}/Pa·s	0.35	0.4	0.56	0.76
保护渣的黏度指数 n	1.6	1.5	1.5	1.2
保护渣的结晶温度 T_{sol}/K	1427	1473	1485	1513

表 7-6 保护渣的物性参数

参数	数值
坯壳的发射率 ε_{sh}	0.78
结晶渣的发射率 ε_{cry}	0.70
渣折射率 m	1.6
Stefan-Boltzmann 常数 σ_B/W·(m^2·K^4)$^{-1}$	5.6705×10^{-8}
液态渣的吸收系数, a_l/m^{-1}	400
渣的密度 ρ_{slag}/kg·m^{-3}	2500
钢的密度 ρ_{steel}/kg·m^{-3}	7400
钢的液相线温度 T_{liq}/K	1811
空气的导热系数 k_a/W·(m·K)$^{-1}$	0.032
钢的导热系数 k_{steel}/W·(m·K)$^{-1}$	34
液态渣的导热系数 k_{sl}/W·(m·K)$^{-1}$	1.2

7.3.5.2 渣膜传热行为分析

结晶器和坯壳之间的热阻受渣膜厚度和渣膜的结晶分数共同影响。如图 7-9 所示，E1、E2、E3 和 E4 四个实验，在坯壳尖端下方 7 mm 处的结晶器/坯壳之间的总热阻 R_{tot} 分别为 8.87×10^{-4} m^2·K/W、8.28×10^{-4} m^2·K/W 和 5.72×10^{-4} m^2·K/W，对应着渣膜厚度（d_{m_7}）分别为 2.34 mm、1.49 mm 和 1.08 mm。尽管 E3 的渣膜厚度（1.25 mm）小于 E2（1.49 mm），但 E3 在距离坯壳尖端下方 7 mm 处的结晶器/坯壳之间的总热阻 R_{tot}（10.11×10^{-4} m^2·K/W）高于 E2（8.28×10^{-4} m^2·K/W），这是因为 E3 渣的结晶分数更高（见图 7-5），更高的结晶分数引入了更多的热阻，阻碍结晶器热传递。

在坯壳下方 7 mm 处的地方，渣膜本身的热阻（$R_s + R_l$）要大于结晶器/渣界面热阻 R_{int}。在坯壳下方 7 mm 处的地方，固体渣膜热阻 R_s、液态渣膜热阻 R_l 和结晶器/渣界面热阻 R_{int} 占结晶器/坯壳总热阻的比例分别为 53.00%～63.48%（R_s/R_{tot}）、15.55%～23.65%（R_l/R_{tot}）和 20.97%～23.81%（R_{int}/R_{tot}）。

此外，与 R_s 和 R_{int} 有关的渣膜的厚度和结晶度对结晶器的热传递有显著的影响。E1、E2、E3 和 E4 四个实验，在距离坯壳尖端下方 7 mm 处的固体渣膜热阻 R_s 分别为 3.63×10^{-4} m^2·K/W、4.70×10^{-4} m^2·K/W、4.74×10^{-4} m^2·K/W 和 5.83×10^{-4} m^2·K/W，对应着固体渣膜厚度分别为 0.96 mm、1.99 mm、1.23 mm 和 0.92 mm（见图 7-10）。尽管 E3 的固体渣膜厚度（0.92 mm）小于 E2（1.23 mm），但 E3 的 R_s 大于 E2，这是因为在 E1、E2、E3 和 E4 四个实验中 E3 渣膜的结晶度是最高的。液态渣膜热阻（R_l）和厚度（d_l）与渣膜结晶温度（T_{sol}）、凝固坯壳表面温度（T_{ss}）及结晶器保护渣性质等有关；在坯壳尖端下方 7 mm 处，E1、E2、E3 和 E4 四个实验的液态渣膜热阻 R_l 分别为 2.10×10^{-4} m^2·K/W、1.65×10^{-4} m^2·K/W、1.99×10^{-4} m^2·K/W 和 0.89×10^{-4} m^2·K/W，对应着平均结晶器热流密度（q_{int_7}）分别为 1.56 MW/m^2、1.64 MW/m^2、1.36 MW/m^2 和 2.25 MW/m^2。

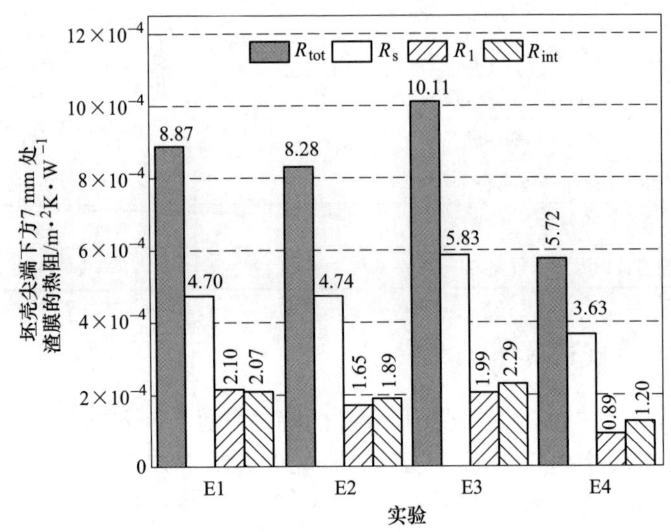

图 7-9　坯壳尖端下发 7 mm 处渣膜的热阻

渣膜的厚度和结晶度均影响着结晶器/渣界面热阻 R_{int}。在坯壳尖端下方 7 mm 的位置，E1、E2、E3 和 E4 四个实验的结晶器/渣界面热阻 R_{int} 分别为 2.07×10^{-4} m^2·K/W、1.89×10^{-4} m^2·K/W、2.29×10^{-4} m^2·K/W 和 1.20×10^{-4} m^2·K/W，对应着渣膜厚度（d_{m_7}）分别为 2.34 mm、1.49 mm、1.25 mm 和 1.08 mm。尽管 E3（1.25 mm）的渣膜厚度小于 E2（1.49 mm），但 E3 的 R_{int}（2.29×10^{-4} m^2·K/W）要高于 E2 的（1.89×10^{-4} m^2·K/W），这是由于 E3 渣膜中的晶体分数高于 E2 渣膜（图 7-5）。“气隙模型”假设结晶器/铸坯的接触热阻

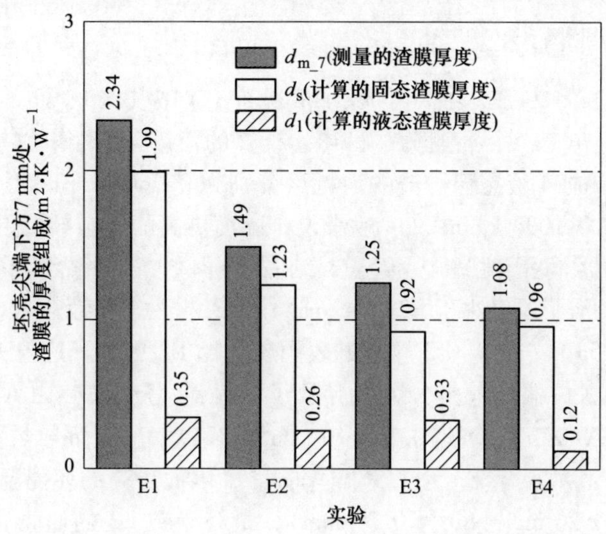

图 7-10 坯壳尖端下发 7 mm 处渣膜的固相和液相的厚度

是气隙产生的，气体在间隙内仅有传导传热，则其等效“气隙”的大小（$R_{int} \times k_a$）。图 7-11 所示为 E1、E2、E3 和 E4 四个实验的气隙厚度分别为 6.6 μm、6.0 μm、7.3 μm 和 3.8 μm。气隙厚度倾向于随着渣膜厚度增加而增加。此外，与 E1、E2 和 E4 实验相比，E3 实验的气隙厚度异常，这与 E3 渣膜中出现高的晶体分数有关（见图 7-5）。

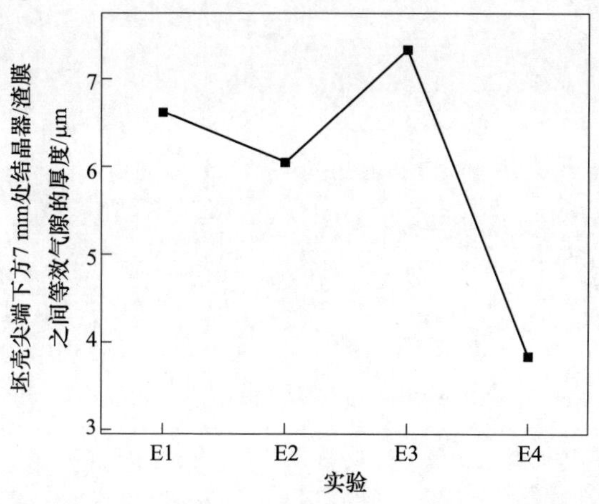

图 7-11 坯壳尖端下发 7 mm 处结晶器/渣膜之间气隙的厚度

7.3.5.3　润滑行为

拉坯试验 E1、E2、E3 和 E4 的保护渣黏度分别为 0.35 Pa · s、0.47 Pa · s、0.58 Pa · s 和 0.76 Pa · s。根据式（7-8）计算的在坯壳尖端下方 7 mm 处拉坯试验 E1、E2、E3 和 E4 液态保护渣的消耗量分别为 0.2606 kg/m^2、0.1853 kg/m^2、0.2502 kg/m^2 和 0.1034 kg/m^2。一般来说，黏度更高的渣会导致更少的液态渣消耗（降低结晶器润滑性）。尽管 E3 结晶器保护渣的黏度高于 E2，然而 E3(1.25 mm) 的渣膜厚度小于 E2(1.49 mm)，E3 的液态渣消耗（0.2502 kg/m^2）要大于 E2(0.1853 kg/m^2)，E3 坯壳的表面质量比 E2 更好。这与 E3 渣膜中出现高的晶体分数有关，高的晶体分数会导致了结晶器/坯壳总热阻 R_{tot} 更大（E2 为 8.28×10^{-4} m^2 · K/W，E3 为 10.11×10^{-4} m^2 · K/W），从而导致更低的热流密度（E2 为 1.64 MW/m^2，E3 为 1.36 MW/m^2），因而更高的坯壳温度和更宽的液态渣膜（E2 为 0.26 mm，E3 为 0.33 mm），最终导致 E3 的坯壳润滑性比 E2 的更好，因此 E3 的坯壳表面质量胜过 E2 的（见图 7-1）。

8 展　望

连铸结晶器钢液初始凝固热模拟装置连铸实验过程中，还有许多数据需要进一步收集，例如增加传感器实时测量结晶器摩擦力、结晶器液面波动、坯壳表面的温度等。此外建立三维结晶器传热反问题模型，来反演结晶器温度场以便研究漏钢、横纵裂纹等缺陷生成机理。建立三维钢水流动传热反问题模型来反演钢水流动凝固传热过程。这样连铸结晶器钢液初始凝固热模拟装置可以更深入地去研究铸坯初始凝固现象，从而更好地应用于科研与实践生产：

(1) 通过连铸结晶器钢液初始凝固热模拟装置建立结晶器热流密度、温度变化和连铸坯壳表面缺陷（振痕、凹陷、裂纹、皮下气泡、表面夹渣和漏钢）形成的关系模型。以此研究缺陷形成机理和缺陷形成时结晶器的热响应，以此为生产提出相应的措施，从而提高坯壳表面质量和保证连铸过程的顺利进行。

2) 开发新型保护渣时，往往需要连铸机的现场试验，以评价保护渣的优劣性。但是现场试验会引发一些问题，例如打断工序等。连铸结晶器钢液初始凝固热模拟装置可以使保护渣的开发变得简单又经济。在新型保护渣投入工业使用前，连铸结晶器钢液初始凝固热模拟装置可以研究不同连铸工艺参数下，如拉坯速度、钢液连铸温度等，保护渣的渗入润滑、结晶和传热现象。同时研究保护渣与钢液的物理化学反应，例如保护渣吸附夹杂物的能力，渣钢界面卷混、乳化等行为。

(3) 和开发保护渣类似，在新钢种生产前，连铸结晶器钢液初始凝固热模拟装置可以对其连铸工艺参数进行研究，以此确定和优化结晶器振动参数、拉坯速度、钢液连铸温度、凝固系数和配套保护渣的使用等。从而缩短新钢种的研发周期，降低成本。

(4) 开发新型结晶器时，通过结晶器钢液初始凝固热模拟装置可以预先研究结晶器的材质，镀层，结晶器锥度，结晶器角部形状，漏斗形结晶器、结晶器冷却结构等。开发热顶结晶器时，通过结晶器钢液初始凝固热模拟装置可以预先研究不同的热顶材质、结晶器表面沟槽形状大小等对铸坯表面质量的影响。

参考文献

[1] MURAI T, ITO Y, MIKI Y, et al. Generation mechanism of surface defects on steel sheet by laboratory experiment [J]. Tetsu to Hagane-Journal of the Iron and Steel Institute of Japan, 2012, 98 (11): 567-574.

[2] UCHIBORI H, TANIGUCHI K, TESHIMA T, et al. The technology of CC-Hot direct rolling in NKK [J]. Iron and Steel, 1988, 74 (7): 39-43.

[3] MIYOSHI S, UCHIBORI H, FUKUTAKE A. High-Speed casting of sheet grade steel [J]. Tetsu-to-Hagané, 1974, 60 (7): 860-867.

[4] NOGUCHI K, SHINAGAWA H, TAWARA M, et al. Direct hot charging process at Kure No. 2 continuous caster, Nisshin Steel [J]. Tetsu-to-Hagane (J. Iron Steel Inst. Jpn.), 1988, 74 (7): 1248-1255.

[5] KITAMURA M, SOEJIMA T, KOYAMA S, et al. Improvement of continuously cast slab surface and performance of rolling the slab free from surface conditioning [J]. Tetsu-to-Hagane, 1981, 67 (8): 1229-1235.

[6] TAKEUCHI E, BRIMACOMBE J K. Effect of oscillation-mark formation on the surface quality of continuously cast steel slabs [J]. Metallurgical Transactions B, 1985, 16 (3): 605-625.

[7] SUZUKI M, HAYASHI H, SHIBATA H, et al. Simulation of transverse crack formation on continuously cast peritectic medium carbon steel slabs [J]. Steel Research, 1999, 70 (10): 412-419.

[8] TAKEUCHI H, MATSUMURA S, IKEHARA Y. Actual state and formation mechanism of surface segregation on oscillation marks of continuously cast austenitic stainless steel slabs [J]. Tetsu-to-Hagane (J. Iron Steel Inst. Jpn.), 1983, 69 (16): 1995-2001.

[9] EMI T. Influence of physical and chemical properties of mold powders on the solidification and occurrence of surface defects of strand cast slabs [C]. In Steelmaking Proceedings, 1978, 61: 350-360.

[10] KOHNO T, SHIMA T, KUWABARA T, et al. The metallographical characteristics and the formation mechanism of longitudinal surface cracks in CC slabs [J]. Tetsu-to-Hagané, 1982, 68 (13): 1764-1772.

[11] THOMAS B G, MOITRA A, MCDAVID R. Simulation of longitudinal off-corner depressions in continuously-cast steel slabs [J]. Urbana, 1996, 51: 61801.

[12] SAEKI T, OOGUCHI S, MIZOGUCHI S, et al. Effect of irregularity in solidified shell thickness on longitudinal surface cracks in CC slabs [J]. Tetsu-to-Hagané, 1982, 68 (13): 1773-1781.

[13] YASUNAKA H, YAMANAKA R, Inoue T, et al. Pinhole and Inclusion defects formed at the subsurface in ultra-low Carbon-Steel. Tetsu to Hagane-Journal of the Iron and Steel Institute of Japan, 1995, 81 (5): 529-534.

[14] SENGUPTA J, SHIN H J, THOMAS B G, et al. Micrograph evidence of meniscus solidification and sub-surface microstructure evolution in continuous-cast ultralow-carbon steels

[J]. Acta materialia, 2006, 54 (4): 1165-1173.

[15] KONDO Y, TANEI H, SUZUKI N, et al. Blistering behavior during oxide scale formation on steel surface [J]. ISIJ International, 2011, 51 (10): 1696-1702.

[16] HARADA S, TANAKA S, MISUMI H, et al. A formation mechanism of transverse cracks on CC slab surface [J]. ISIJ International, 1990, 30 (4): 310-316.

[17] ZEZE M, TANAKA A, TSUJINO R. Formation mechanism of sliver-type surface defect with oxide scale on sheet and coil [J]. Tetsu-to-Hagane (Journal of the Iron and Steel Institute of Japan), 2001, 87 (2): 85-92.

[18] MAZUMDAR S, RAY S K. Solidification control in continuous casting of steel [J]. Sadhana, 2001, 26 (1/2): 179-198.

[19] SCHWERDTFEGER K, SHA H. Depth of oscillation marks forming in continuous casting of steel [J]. Metallurgical and Materials Transactions B, 2000, 31 (4): 813-826.

[20] WOLF M M. Initial solidification and strand surface quality of peritectic steels [J]. Iron & Steel Society, 1997.

[21] KUSANO A, MISUMI H, HARADA S. Estimation of the formed position of the surface cracks on the slab in the continuous caster [J]. Tetsu-to-Hagane (Journal of the Iron and Steel Institute of Japan), 1996, 82 (1): 35-40.

[22] NAKATO H, OZAWA M, KINOSHITA K, et al. Factors affecting the formation of shell and longitudinal cracks in mold during high speed continuous casting of slabs. Transactions of the Iron and Steel Institute of Japan, 1984, 24 (11): 957-965.

[23] SZEKERES E S. Overview of mold oscillation in continuous casting [J]. Iron and Steel Engineer (USA), 1996, 73 (7): 29-37.

[24] SAVAGE J, PRITCHARD W H. The problem of rupture of the billet in the continuous casting of steel [J]. Journal of the Iron and Steel Institute, 1954, 178 (3): 269-277.

[25] WOLF M M. Mold oscillation guidelines [C]//1991 Steelmaking Conference, 1991.

[26] SAUCEDO I G. Improving the casting conditions at the meniscus [C]. Iron and Steel Society/AIME, Continuous Casting, 1997, 8: 169-179.

[27] NAKATO H. Improvement of surface quality of continuously cast slabs by high frequency mold oscillation [C]. In Steelmaking Proceedings, 1985, 68: 361-365.

[28] HOWE A, STEWART I. Reduction of reciprocation marks by high frequency vibration of the continuous casting mold [C]. In Steelmaking Conference Proceedings, 1987, 70: 417-425.

[29] SAKURAYA T, EMI T, IMAI T, et al. Preventing the formation of longitudinal facial cracks on continuously cast slabs by improving mould flux powder and mould oscillation [J]. Tetsu-to-Hagane (Journal of the Iron and Steel Institute of Japan), 1981, 67 (8): 1220-1228.

[30] THOMAS B G, JENKINS M S, MAHAPATRA R B. Investigation of strand surface defects using mould instrumentation and modelling [J]. Ironmaking & steelmaking, 2004, 31 (6): 485-494.

[31] TAKEUCHI E, BRIMACOMBE J K. The formation of oscillation marks in the continuous casting of steel slabs [J]. Metallurgical and Materials Transactions B, 1984, 15 (3): 493-509.

[32] SAUCEDO I G. Early solidification during the continuous casting of steel [C]//1991 Steelmaking Conference, 1991.

[33] CRAMB A W, MANNION F J. The measurement of meniscus marks at Bethlehem Steel Burns Harbor slab caster [C]// Steelmaking Conference Proceedings, The Iron and Steel Society, 1988, 70: 417-425.

[34] VYNNYCKY M, ZAMBRANO M, CUMINATO J A. On the avoidance of ripple marks on cast metal surfaces [J]. International Journal of Heat and Mass Transfer, 2015, 86: 43-54.

[35] JACOBI H, SCHWERDTFEGER K. Ripple marks on cast steel surfaces [J]. ISIJ International, 2013, 53 (7): 1180-1186.

[36] STEMPLE D K, ZULUETA E N, FLEMINGS M C. Effect of wave motion on chill cast surfaces [J]. Journal of Electronic Materials, 1991, 20 (12): 503-509.

[37] CUKIERSKI K, THOMAS B G. Flow control with local electromagnetic braking in continuous casting of steel slabs [J]. Metallurgical and Materials Transactions B, 2008, 39 (1): 94-107.

[38] NADIF M, SOLIMINE A, OMINETTI P, et al. Influence of shell solidification on generation of slab defects—Use of hydraulic mold oscillation at Sollac Florange [J]. Associazione Italiana di Metallurgia, 1991: 1.

[39] SUZUKI M, MIYAHARA S, KITAGAWA T, et al. Effect of mold oscillation curves on heat transfer and lubrication behaviour in mold at high speed continuous casting of steel slabs [J]. Tetsu-to-Hagane (Journal of the Iron and Steel Institute of Japan), 1992, 78 (1): 113-120.

[40] SUZUKI M, MIZUKAMI H, KITAGAWA T, et al. Development of a new mold oscillation mode for high-speed continuous casting of steel slabs [J]. ISIJ International, 1991, 31 (3): 254-261.

[41] ITOYAMA S, TOZAWA H, MOCHIDA T, et al. Control of early solidification in continuous casting by horizontal oscillation in synchronization with vertical oscillation of the mold [J]. ISIJ International, 1998, 38 (5): 461-468.

[42] LEE G G, THOMAS B G, Kim S H, et al. Microstructure near corners of continuous-cast steel slabs showing three-dimensional frozen meniscus and hooks [J]. Acta Materialia, 2007, 55 (20): 6705-6712.

[43] MOINET A. The free meniscus problem in the continuous casting of steel a computational model of cast surface formation [D]. Pittsburgh: Carnegie Mellon University, 2012.

[44] SUZUKI M. Initial solidification behavior of ultra low carbon steel [J]. Current Advances in Materials and Processes, 1998, 11: 42-54.

[45] YAMAMURA H, MIZUKAMI Y, MISAWA K. Formation of a solidified hook-like structure at the subsurface in ultra low carbon steel [J]. ISIJ International, 1996, 36: S223-226.

[46] SHIN H, LEE G, CHOI W, et al. Effect of mold oscillation on powder consumption and hook formation in ultra-low carbon steel slabs [J]. Iron and Steel Technology, 2004, 2 (9): 56-69.

[47] OHBA Y, TAKASU I, KITADE S, et al. The improvement of surface cracks on leaded free-cutting steel bloom. Tetsu-to-Hagane (Journal of the Iron and Steel Institute of Japan), 2006, 92 (7): 29-37.

[48] CHO J W, BLAZEK K, FRAZEE M, et al. Assessment of $CaO-Al_2O_3$ based mold flux system for high aluminum trip casting [J]. ISIJ International, 2013, 53 (1): 62-70.

[49] RAMIREZ-LOPEZ P E, MILLS K C, LEE P D, et al. A unified mechanism for the formation of oscillation marks [J]. Metallurgical and Materials Transactions B, 201, 43 (1): 109-122.

[50] YAMAMURA H, SASAI K, UESHIMA Y, et al. Effect of molten steel flow on initially solidified shell in ultra low carbon steel [J]. Tetsu-to-Hagane (Journal of the Iron and Steel Institute of Japan), 2003, 89 (6): 645-652.

[51] GENZANO C, MADIAS J, DALMASO D, et al. Elimination of surface defects in cold-rolled extra low carbon steel sheet [C]. In Steelmaking Conference Proceedings, 2002, 85: 325-332.

[52] TOMONO H, KURZ W, HEINEMANN W. The liquid steel meniscus in molds and its relevance to the surface quality of castings [J]. Metallurgical and Materials Transactions B, 1981, 12 (2): 409-11.

[53] 金小礼．连铸初始凝固过程若干动力学问题研究 [D]. 上海：上海大学，2010：62.

[54] MINTZ B, YUE S, JONAS JJ. Hot ductility of steels and its relationship to the problem of transverse cracking during continuous casting [J]. International Materials Reviews, 1991, 36 (1): 187-220.

[55] YASUNAKA H, NAKAYAMA K, EBINA K, et al. Improvement of transverse corner cracks in continuously cast hypoperitectic slabs [J]. Tetsu-to-Hagane (Journal of the Iron and Steel Institute of Japan), 1995, 81 (9): 894-899.

[56] MINTZ B. The influence of composition on the hot ductility of steels and to the problem of transverse cracking [J]. ISIJ International, 1999, 39 (9): 833-855.

[57] MCPHERSON N. Continuous casting of slabs at BSC ravenscraig works [J]. Ironmaking Steelmaking, 1980, 7 (4): 167-179.

[58] 苑鹏，邓小旋，姜敏，等．低碳铝镇静钢铸坯皮下钩状坯壳 [J]. 钢铁，2015，50 (8)：24-33.

[59] LE PAPILLON Y, JÄEGER W, KONIG M, et al. Determination of high temperature surface crack formation criteria in continuous casting and thin slab casting [R]. EUR, 2003 (20897): 1-61.

[60] SHIN H J, THOMAS B G, LEE G G, et al. Analysis of hook formation mechanism in ultra low carbon steel using CON1D heat flow-solidification model [J]. Materials Science & Technology, 2004, 31: 11-26.

[61] SATO R. Powder fluxes for ingot making and continuous casting [C]. In Steelmaking Proceedings, 1979, 62: 48-67.

[62] TOMONO H, ACKERMANN P, KURZ W, Heinemann W. Elements of surface mark formation in continuous casting of steel [J]. Continuous Casting, 1997, 9: 277-284.

[63] BIKERMAN J J. Physical Surfaces [M]. Amsterdam: Elsevier, 2012.

[64] JIMBO I, CRAMB A W. Calculations of the effect of chemistry and geometry on free surface curvature during the casting of steels [J]. Iron & steelmaker, 1993, 20 (6): 55-63.

[65] MATSUSHITA A, ISOGAMI K, TEMMA M, et al. Direct observation of molten steel meniscus in CC mold during casting [J]. Transactions of the Iron and Steel Institute of Japan, 1988, 28 (7): 531-534.

[66] SHIN H J, KIM S H, THOMAS B G, et al. Measurement and prediction of lubrication, powder consumption, and oscillation mark profiles in ultra-low carbon steel slabs [J]. ISIJ International, 2006, 46 (11): 1635-1644.

[67] SENGUPTA J, THOMAS B G, SHIN H, et al. Mechanism of hook formation in ultralow-carbon steel based on microscopy analysis and thermalstress modeling [J]. Iron and Steel Technology, 2007, 4 (7): 83.

[68] WRAY P J. Geometric features of chill-cast surfaces [J]. Metallurgical Transactions B, 1981, 12 (1): 167-76.

[69] TAKEUCHI H, MATSUMURA S, HIDAKA R, et al. Effect of mould oscillation conditions on oscillation marks of stainless steel casts [J]. Tetsu-to-Hagané, 1983, 69 (2): 248-253.

[70] MAHAPATRA R B, BRIMACOMBE J K, Samarasekera I V, et al. Mold behavior and its influence on quality in the continuous casting of steel slabs: Part Ⅰ. Industrial trials, mold temperature measurements, and mathematical modeling [J]. Metallurgical Transactions B, 1991, 22 (6): 861-874.

[71] SAMARASEKERA I V, BRIMACOMBE J K. The thermal field in continuous-casting moulds [J]. Canadian Metallurgical Quarterly, 1979, 18 (3): 251-266.

[72] KAWAKAMI K, KITAGAWA T, MIZUKAMI H, et al. Fundamental study and its application of surface defects of powder cast strands [J]. Tetsu-to-Hagané, 1981, 67 (8): 1190-1199.

[73] SUGITANI Y, NAKAMURA M. Influence of alloying elements on non-uniform solidification in continuous casting moulds [J]. Tetsu-to-Hagane (Journal of the Iron and Steel Institute of Japan), 1979, 65 (12): 1702-1711.

[74] FREDRIKSSON H, ELFSBERG J. Thoughts about the initial solidification process during continuous casting of steel [J]. Scandinavian Journal of metallurgy, 2002, 31 (5): 292-297.

[75] ACKERMANN P, HEINEMANN W, KURZ W. Surface quality and meniscus solidification in pure chill cast metals [J]. Arch. Eisenhüttenw, 1984, 55 (1): 1-8.

[76] ELFSBERG J. Oscillation mark formation in continuous casting processes [D]. Stockholm: Royal Institute of Technology, 2003.

[77] BADRI A, NATARAJAN T T, SNYDER C C, et al. A mold simulator for the continuous casting of steel: Part Ⅰ. The development of a simulator [J]. Metallurgical and Materials Transactions B, 2005, 36 (3): 355-371.

[78] BADRI A, NATARAJAN T T, SNYDER C C, et al. A mold simulator for continuous casting of steel: Part Ⅱ. The formation of oscillation marks during the continuous casting of low carbon steel [J]. Metallurgical and Materials Transactions B, 2005, 36 (3): 373-383.

[79] LAI W, MILONE M, SAMARASEKERA I V. Meniscus thermal analysis as a tool for evaluating slab surface quality [C]//83 rd Steelmaking Conference, 2000: 461-476.

[80] PINHEIRO C A. Mould thermal response, billet surface quality and mould-flux behaviour in the continuous casting of steel billets with powder lubrication [D]. Vancouver: University of British Columbia, 1997.

[81] BLAZEK K E. Mold heat transfer during continuous casting [J]. Iron Steelmaker, 1987, 14 (11): 42.

[82] CRAMB A W. The Making shaping and treating of Steel-Casting Volume [M]//11 th ed., AISE Steel Foundation, Pittsburgh, 2003: 12.

[83] BRIMACOMBE J K. Design of continuous casting machines based on a heat-flow analysis: state-of-the-art review [J]. Canadian Metallurgical Quarterly, 1976, 15 (2): 163-175.

[84] WOLF M M. Mold heat transfer and lubrication control--two major functions of caster productivity and quality assurance [J]. Process Technology, 1995, 13: 99-117.

[85] HEIDT V, JESCHAR R. Influence of running water on the heat transfer in continuous casting [J]. Steel Research, 1993, 64 (3): 157-164.

[86] JANIK M, DYJA H. Modelling of three-dimensional temperature field inside the mould during continuous casting of steel [J]. Journal of Materials Processing Technology, 2004, 157: 177-182.

[87] ALIZADEH M, JAHROMI A J, ABOUALI O. New analytical model for local heat flux density in the mold in continuous casting of steel [J]. Computational materials science, 2008, 44 (2): 807-812.

[88] HANAO M, KAWAMOTO M, YAMANAKA A. Influence of mold flux on initial solidification of hypo-peritectic steel in a continuous casting mold [J]. ISIJ International, 2012, 52 (7): 1310-1319.

[89] MENG Y A, THOMAS B G. Heat-transfer and solidification model of continuous slab casting: CON1D [J]. Metallurgical and Materials Transactions B, 2003, 34 (5): 685-705.

[90] XIE X, CHEN D, LONG H, et al. Mathematical modeling of heat transfer in mold copper coupled with cooling water during the slab continuous casting process [J]. Metallurgical and Materials Transactions B, 2014, 45 (6): 2442-2452.

[91] MANNAKA T, KIMURA T, KOYAMA M, et al. Method for controlling plate material hot rolling equipment: United States patent US 5113678 [P]. 1992-05-19.

[92] TIKHONOV A N, ARSENIN V. Solutions of Ill-Posed Problems [M]. Vh Winston, 1977.

[93] ORLANDE H R, DULIKRAVICH G S, NEUMAYER M, et al. Accelerated bayesian inference for the estimation of spatially varying heat flux in a heat conduction problem [J]. Numerical Heat Transfer, Part A: Applications, 2014, 65 (1): 1-25.

[94] ALIFANOV O M. Inverse Heat Transfer Problems [M]. Berlin: Springer, 2012.

[95] BECK J V, BLACKWELL B, CLAIR JR C R. Inverse Heat Conduction: Ⅲ-Posed Problems [M]. James Beck, 1985.

[96] PINHEIRO C A, SAMARASEKERA I V, BRIMACOMB J K, et al. Mould heat transfer and

continuously cast billet quality with mould flux lubrication Part 1 mould heat transfer [J]. Ironmaking & Steelmaking, 2000, 27 (1): 37-54.

[97] BLANC G, RAYNAUD M, CHAU T H. A guide for the use of the function specification method for 2D inverse heat conduction problems [J]. Revue générale de thermique, 1998, 37 (1): 17-30.

[98] THOMAS B G, WELLS M A, LI D. Monitoring of meniscus thermal phenomena with thermocouples in continuous casting of steel [J]. Sensors, Sampling, and Simulation for Process Control, 2011: 119-126.

[99] WANG X, TANG L, ZANG X, et al. Mold transient heat transfer behavior based on measurement and inverse analysis of slab continuous casting [J]. Journal of Materials Processing Technology, 2012, 212 (9): 1811-1818.

[100] YIN H, YAO M. Inverse problem-based analysis on non-uniform profiles of thermal resistance between strand and mould for continuous round billets casting [J]. Journal of materials processing technology, 2007, 183 (1): 49-56.

[101] NOWAK I, SMOLKA J, NOWAK A J. An effective 3D inverse procedure to retrieve cooling conditions in an aluminium alloy continuous casting problem [J]. Applied Thermal Engineering, 2010, 30 (10): 1140-1151.

[102] DVORKIN E N, CAVALIERE M A, GOLDSCHMIT M B. Finite element models in the steel industry: Part Ⅰ: Simulation of flat product manufacturing processes [J]. Computers & structures. 2003, 81 (8): 559-573.

[103] GONZALEZ M, GOLDSCHMIT M B, ASSANELLI A P, et al. Modeling of the solidification process in a continuous casting installation for steel slabs [J]. Metallurgical and materials transactions B, 2003, 34 (4): 455-473.

[104] WOLF M, KURZ W. Solidification of steel in continuous-casting moulds [C]. In Solidification and Casting of Metals Proc, 1977: 287-294.

[105] THOMAS B G, ZHANG L. Mathematical modeling of fluid flow in continuous casting [J]. ISIJ International, 2001, 41 (10): 1181-1193.

[106] HIBBELER L C, THOMAS B G, SCHIMMEL R C, et al. The thermal distortion of a funnel mold [J]. Metallurgical and Materials Transactions B, 2012, 43 (5): 1156-1172.

[107] ORLANDE H R, FUDYM O, MAILLET D, et al. Thermal Measurements and Inverse Techniques [M]. Leiden: CRC Press, 2011.

[108] O'MALLEY R J. Observations of various steady state and dynamic thermal behaviors in a continuous casting mold [C]//82 nd Steelmaking Conference, 1999: 13-33.

[109] KAJITANI T, YAMADA W, YAMAMURA H, et al. Mould lubrication and control of initial solidification associated with continuous casting of steel [J]. Tetsu-to-Hagane (Journal of the Iron and Steel Institute of Japan), 2008, 94 (6): 189-200.

[110] MILLS K C. Structure and properties of slags used in the continuous casting of steel: Part 2 specialist mould powders [J]. ISIJ International, 2016, 56 (1): 14-23.

[111] MILLS K C. Structure and properties of slags used in the continuous casting of steel: Part 1

conventional mould powders [J]. ISIJ International, 2016, 56 (1): 1-3.

[112] CRAMB A W. The solidification behavior of slags: Phenomena related to mold slags [J]. ISIJ International, 2014, 54 (12): 2665-2671.

[113] JENKINS M S. Heat transfer in the continuous casting mold [D]. Clayton: Monash University, 1999.

[114] MENG, Y, THOMAS B G. Modeling transient slag-layer phenomena in the shell/mold gap in continuous casting of steel [J]. Metallurgical and materials transactions B, 2003, 34 (5): 707-725.

[115] MIZUKAMI H, KAWAKAMI K, KITAGAWA T. Lubrication phenomena in a mold and optimum mold oscillation mode in high-speed casting [J]. Tetsu-to-Hagane (Journal of the Iron and Steel Institute of Japan), 1986, 72 (14): 1862-1869.

[116] WOLF M M. A review of published work on the solidification control of steel in continuous-casting molds by heat-flux measurement [J]. Transactions of the Iron and Steel Institute of Japan, 1980, 20 (10): 718-724.

[117] OGIBAYASHI S. Advances in technology of oxide metallurgy [R]. Nippon Steel Tech. Rep. (Japan), 1994: 70-76.

[118] WANG W, CRAMB A W. The observation of mold flux crystallization on radiative heat transfer [J]. ISIJ International, 2005, 45 (12): 1864-1870.

[119] HANAO M, KAWAMOTO M. Flux film in the mold ofhigh-speed continuous casting [J]. ISIJ International, 2008, 48 (2): 180-185.

[120] WANG W, CRAMB A W. Study of the Effects of the mold surface and solid mold flux crystallization on radiative heat transfer rates in continuous casting [J]. Steel Research International, 2010, 81 (6): 446-452.

[121] CHO J, SHIBATA H, EMI T, et al. Radiative heat transfer through mold flux film during initial solidification in continuous casting of steel [J]. ISIJ International, 1998, 38 (3): 268-275.

[122] YAMAUCHI A, SORIMACHI K, SAKURAYA T, et al. Heat transfer between mold and strand through mold flux film in continuous casting of steel [J]. ISIJ International, 1993, 33 (1): 140-147.

[123] HO K, PEHLKE R D. Metal-mold interfacial heat transfer [J]. Metallurgical Transactions B, 1985, 16 (3): 585-594.

[124] SHIBATA H, KONDO K, SUZUKI M, et al. Thermal resistance between solidifying steel shell and continuous casting mold with intervening flux film [J]. ISIJ International, 1996, 36 (Suppl): S179-182.

[125] MIKIĆ B B. Thermal contact conductance: theoretical considerations [J]. International Journal of Heat and Mass Transfer, 1974, 17 (2): 205-214.

[126] COOPER M G, MIKIC B B, YOVANOVICH M M. Thermal contact conductance [J]. International Journal of heat and mass transfer, 1969, 12 (3): 279-300.

[127] WATANABE K, SUZUKI M, MURAKAMI K, et al. The effect of crystallization of mold

powder on the heat transfer in continuous casting mold [J]. Tetsu-to-Hagane (Journal of the Iron and Steel Institute of Japan), 1997, 83 (2): 115-120.

[128] CHO J, SHIBATA H, EMI T, et al. Thermal Resistance at the Interface between Mold Flux Film and Mold for Continuous Casting of Steels [J]. ISIJ International, 1998, 38 (5): 440-446.

[129] WOLF M M. The free meniscus problem [J]. Steel Times International, 1992, 16 (2): 37-38.

[130] WOLF M M. On the interaction between mold oscillation and mold lubrication [C] // 40 th Electric Furnace Conference Proceedings, 1982: 335-346.

[131] LIU Z, LI L, LI B, et al. Large eddy simulation of transient flow, solidification, and particle transport processes in continuous-casting mold [J]. JOM, 2014, 66 (7): 1184-1196.

[132] ZHANG L, WANG Y. Modeling the entrapment of nonmetallic inclusions in steel continuous-casting billets [J]. JOM, 2012, 64 (9): 1063-1074.

[133] THOMAS B G, YUAN Q, MAHMOOD S, et al. Transport and entrapment of particles in steel continuous casting [J]. Metallurgical and Materials Transactions B, 2014, 45 (1): 22-35.

[134] MIKLOUKHINE S. Modeling of the surface marks formation in an immovable mold during continuous casting of steel [D]. Ottawa: Carleton University, 2007.

[135] YAMAUCHI A, EMI T, SEETHARAMAN S. A mathematical model for prediction of thickness of mould flux film in continuous casting mould [J]. ISIJ International, 2002, 42 (10): 1084-1093.

[136] VYNNYCKY M. On the role of radiative heat transfer in air gaps in vertical continuous casting [J]. Applied Mathematical Modelling, 2013, 37 (4): 2178-2188.

[137] MITCHELL S L, VYNNYCKY M. On the numerical solution of two-phase Stefan problems with heat-flux boundary conditions [J]. Journal of Computational and Applied Mathematics, 2014, 264: 49-64.

[138] MENG X, ZHU M. Mechanism of explaining liquid friction and flux consumption during non-sinusoidal oscillation in slab continuous casting mould [J]. Canadian Metallurgical Quarterly, 2011, 50 (1): 45-53.

[139] MENG X, ZHU M. Optimisation of non-sinusoidal oscillation parameters for slab continuous casting mould with high casting speed [J]. Ironmaking & Steelmaking, 2009, 36 (4): 300-310.

[140] FLORIO B J, VYNNYCKY M, MITCHELL S L, et al. Mould-taper asymptotics and air gap formation in continuous casting [J]. Applied Mathematics and Computation, 2015, 268: 1122-1139.

[141] 孟祥宁，朱苗勇，程乃良．高拉速下连铸坯振痕形成机理及振动参数优化 [J]．金属学报，2007，43 (8)：839-846.

[142] 孟祥宁，朱苗勇．高拉速板坯连铸结晶器液态渣消耗机理分析 [J]．金属学报，2009，45 (4)：485-489.

[143] 干勇，仇圣桃，萧泽强．连续铸钢过程数学物理模拟 [M]．北京：冶金工业出版

社，2001.

[144] RAMIREZ-LOPEZ P E，LEE P D，MILLS K C. Explicit modelling of slag infiltration and shell formation during mould oscillation in continuous casting [J]. ISIJ International，2010，50 (3)：425-434..

[145] RAMIREZ-LOPEZ P E，LEE P D，MILLS K C，et al. A new approach for modelling slag infiltration and solidification in a continuous casting mould [J]. ISIJ International，2010，50 (12)：1797-1804.

[146] JONAYAT A S，THOMAS B G. Transient thermo-fluid model of meniscus behavior and slag consumption in steel continuous casting [J]. Metallurgical and Materials Transactions B，2014，45 (5)：1842-1864.

[147] SUZUKI M，SUZUKI M，NAKADA M. Perspectives of research on high-speed conventional slab continuous casting of carbon steels [J]. ISIJ International，2001，41 (7)：670-682.

[148] HANAO M，KAWAMOTO M，Hara M，et al. Mold flux for high speed continuous casting of hypoperitectic steel slabs [J]. Tetsu-to-Hagane (Journal of the Iron and Steel Institute of Japan)，2002，88 (1)：23-28.

[149] KANAZAWA T，HIRAKI S，KAWAMOTO M，et al. Behavior of lubrication and heat transfer in mold at high speed continuous casting [J]. Journal of the Iron and Steel Institute of Japan-Tetsu to Hagane，1997，83 (11)：701-706.

[150] HANAO M，KAWAMOTO M，YAMANAKA A. Growth of solidified shell just below the meniscus in continuous casting mold [J]. ISIJ International，2009，49 (3)：365-374.

[151] MOON S C. The peritectic phase transition and continuous casting practice [D]. Wollongong：University of Wollongong，2015：108.

[152] YANG J，MENG X，ZHU M. Experimental study on mold flux lubrication for continuous casting [J] Steel Research International. 2014，85 (4)：710-717.

[153] CAI Z Z，ZHU M Y. Non-uniform heat transfer behavior during shell solidification in a wide and thick slab continuous casting mold [J]. International Journal of Minerals，Metallurgy，and Materials. 2014，21 (3)：240-250.

[154] TSUTSUMI K，OHTAKE J，HINO M. Inflow behavior observation of molten mold powder between mold and solidified shell by continuous casting simulator using Sn-Pb alloy and stearic acid [J]. ISIJ International，2000，40 (6)：601-608.

[155] REN Z，DONG H，DENG K，et al. Influence of high frequency electromagnetic field on the initial solidification during electromagnetic continuous casting [J]. ISIJ International. 2001，41 (9)：981-985.

[156] MIYOSHINO I，TAKEUCHI E，YANO H，et al. Influence of electromagnetic pressure on the early solidification in a continuous casting mold [J]. ISIJ International，1989，29 (12)：1040-1047.

[157] 侯晓光，王恩刚，许秀杰，等. 弯月面热障涂层方法对结晶器传热及铸坯振痕形貌的影响 [D]. 金属学报，2015，51 (9)：1145-1152.

[158] 雷作胜. 连铸坯表面振痕形成机理及其电磁控制技术 [D]. 上海：上海大学，2004.

[159] 雷作胜，任忠鸣，张邦文，等．连铸结晶器振动下弯月面处温度波动的模拟实验［J］．金属学报，2002，38（8）：877-880.

[160] WEN G，SRIDHAR S，TANG P，et al. Development of fluoride-free mold powders for peritectic steel slab casting［J］. ISIJ international，2007，47（8）：1117-1125.

[161] WEN G H，TANG P，YANG B，et al. Simulation and characterization on heat transfer through mould slag film［J］. ISIJ international，2012，52（7）：1179-1185.

[162] BOUCHARD D，NADEAU J P，SIMARD D，et al. Control of heat transfer and growth uniformity of solidifying copper shells through substrate temperature［J］. Metallurgical and Materials Transactions B，2002，33（3）：403-411.

[163] BALOGUN D，ROMAN M，GERALD R E，et al. Shell measurements and mold thermal mapping approach to characterize steel shell formation in peritectic grade steels［J］. Steel Research International，2022，93（1）：2100455.

[164] SAUCEDO I G. Initial solidification and strand surface quality of peritectic steels［J］. Continuous Casting，1997，9：131-141.

[165] 袁华志，仲红刚，翟启杰．连铸凝固过程热模拟实验方法及应用案例［J］．过程工程学报，2022，22（10）：1400-1413.

[166] SHANNON C E. Communication in the presence of noise［J］. Proceedings of the IRE，1949，37（1）：10-21.

[167] SUNI J P. A model and data based analysis of longitudinal surlace cracking in the continuous casting of middle carbon steel slabs［D］. Pittsburgh：Carnegie Mellon University，1991.

[168] DI CIANO M. Measurement of primary region heat transfer in horizontal direct chill continuous casting of aluminum alloy re-melt ingots［D］. Vancouver：University of British Columbia，2007.

[169] LV Z，DU F，AN Z，et al. Centerline segregation mechanism of twin-roll cast A3003 strip［J］. Journal of Alloys and Compounds，2015，643：270-274.

[170] TSUTSUMI K，MURAKAMI H，NISHIOKA SI，et al. Estimation of mold powder consumption in continuous casting［J］. Tetsu-to-Hagane（Journal of the Iron and Steel Institute of Japan），1998，84（9）：617-624.

[171] SANTILLANA M B. Thermo-mechanical properties and cracking during solidification of thin slab cast steel［D］. Delft：Technische Universiteit Delft，2012.

[172] PIERER R，BERNHARD C，CHIMANI C. Evaluation of common constitutive equations for solidifying steel［J］. BHM Berg-und Hüttenmännische Monatshefte，2005，150（5）：163-169.

[173] BERNHARD C，XIA G. Influence of alloying elements on the thermal contraction of peritectic steels during initial solidification［J］. Ironmaking & steelmaking，2006，33（1）：52-56.

[174] BERNHARD C，HIEBLER H，WOLF M M. Simulation of shell strength properties by the SSCT test［J］. ISIJ International，1996，36：S163-166.

[175] STEPANEK J W. Initial solidification in continuous casting［D］. Pittsburgh：Carnegie Mellon University，1998.

[176] BADRI A. Initial solidification phenomena in continuous casting mold [D]. Pittsburgh: Carnegie Mellon University, 2003.

[177] ROWAN M, THOMAS B G, PIERER R, et al. Measuring mechanical behavior of steel during solidification: modeling the SSCC test [J]. Metallurgical and Materials Transactions B, 2011, 42 (4): 837-851.

[178] KO E Y, CHOI J, PARK J Y, et al. Simulation of low carbon steel solidification and mold flux crystallization in continuous casting using a multi-mold simulator [J]. Metals and Materials International, 2014, 20 (1): 141-151.

[179] PARK J Y, KO E Y, CHOI J, et al. Characteristics of medium carbon steel solidification and mold flux crystallization using the multi-mold simulator [J]. Metals and Materials International, 2014, 20 (6): 1103-1114.

[180] KAMARAJ A, TRIPATHY S, CHALAVADI G, et al. Characterization and assessment of mold flux for continuous casting of liquid steel using an inverse mold simulator [J]. Steel Research International, 2022, 93 (3): 2100121.

[181] KAMARAJ A, HALDAR N, MURUGAIYAN P, et al. High-temperature simulation of continuous casting mould phenomena [J]. Transactions of the Indian Institute of Metals, 2020, 73: 2025-2031.

[182] 王秋旺，曾敏. 传热学要点与解题 [M]. 西安：西安交通大学出版社，2006.

[183] GRIGULL U, SANDNER H. Heat Conduction [M]. New York: Hemisphere Publishing, 1984.

[184] OZISIK M N. Inverse Heat Transfer: Fundamentals and Applications [M]. Vancouver: CRC Press, 2000.

[185] OZISK M N. Boundaty Value Problems of Heat Conduction [M]. Dover: New York, 1989.

[186] OZISK M N. Heat Conduction [M]. New Jersey: Wiley, 1994.

[187] DOUR G, DARGUSCH M, DAVIDSON C. Recommendations and guidelines for the performance of accurate heat transfer measurements in rapid forming processes [J]. International Journal of Heat and Mass Transfer, 2006, 49 (11): 1773-1789.

[188] BECK J V, HURWICZ H. Effect of thermocouple cavity on heat sink temperature [J]. Journal of Heat Transfer, 1960, 82 (1): 27-36.

[189] WOODBURY K A. Effect of thermocouple sensor dynamics on surface heat flux predictions obtained via inverse heat transfer analysis [J]. International Journal of Heat and Mass Transfer, 1990, 33 (12): 2641-2649.

[190] OMEGA. The Temperature Handbook [M]. Omega Ldt., 2002.

[191] BOX G E, JENKINS G M, REINSEL G C. Time Series Analysis: Forecasting and Control [M]. New Jersey: John Wiley & Sons, 2011.

[192] WOLD H. A Study in the Analysis of Stationary Time Series [M]. Uppsala, Sweden: Almqvist & Wiksell, 1938.

[193] DAI Y H, NI Q. Testing different conjugate gradient methods for large-scale unconstrained optimization [J]. Journal of Computational Mathematics International Edition, 2003,

21 (3): 311-320.

[194] HUANG C H, WANG S P. A three-dimensional inverse heat conduction problem in estimating surface heat flux by conjugate gradient method [J]. International Journal of Heat and Mass Transfer, 1999, 42 (18): 3387-3403.

[195] HUANG C H, CHEN W C. A three-dimensional inverse forced convection problem in estimating surface heat flux by conjugate gradient method [J]. International Journal of Heat and Mass Transfer, 2000, 43 (17): 3171-3181.

[196] HUANG C H, LO H C. A three-dimensional inverse problem in predicting the heat fluxes distribution in the cutting tools [J]. Numerical Heat Transfer, Part A: Applications, 2005, 48 (10): 1009-1034.

[197] CHEN H T, HSU W L. Estimation of heat transfer coefficient on the fin of annular-finned tube heat exchangers in natural convection for various fin spacings [J]. International Journal of Heat and Mass Transfer, 2007, 50 (9): 1750-1761.

[198] MOROZOV V A. Methods for Solving Incorrectly Posed Problems [M]. Berlin: Springer, 2012.

[199] 陆金甫，关治．偏微分方程数值解法［M］．北京：清华大学出版社，2004.

[200] DANTZIG J A, TUCKER C L. Modeling in Materials Processing [M]. Cambridge: Cambridge University Press, 2001.

[201] 沈颐身．冶金传输原理基础［M］．北京：冶金工业出版社，2000：226.

[202] SAMADI F, KOWSARY F, SARCHAMI A. Estimation of heat flux imposed on the rake face of a cutting tool: a nonlinear, complex geometry inverse heat conduction case study [J]. International Communications in Heat and Mass Transfer, 2012, 39 (2): 298-303.

[203] OPPENHEIM A V, SCHAFER R W, BUCK J R. Discrete-time signal processing [M]. Englewood Cliffs: Prentice-hall, 1989.

[204] KOMEN G J, CAVALERI L, DONELAN M, et al. Dynamics and Modelling of Ocean Waves [M]. Cambridge: Cambridge University Press, 1996.

[205] GU K, WANG W, WEI J, et al. Heat-transfer phenomena across mold flux by using the inferred emitter technique [J]. Metallurgical and Materials Transactions B, 2012, 43 (6): 1393-1404.

[206] GU K, WANG W, ZHOU L, et al. The effect of basicity on the radiative heat transfer and interfacial thermal resistance in continuous casting [J]. Metallurgical and Materials Transactions B, 2012, 43 (4): 937-945.

[207] PINHEIRO C A, SAMARASEKERA I V, BRIMACOMBE J K, et al. Mould heat transfer and continuously cast billet quality with mould flux lubrication Part 2 Quality issues [J]. Ironmaking & steelmaking, 2000, 27 (2): 144-159.

[208] LEE P D, RAMIREZ-LOPEZ P E, MILLS K C, et al. Review: The "butterfly effect" in continuous casting [J]. Ironmaking & Steelmaking, 2012, 39 (4): 244-253.

[209] ALEXIADES V. Mathematical Modeling of Melting and Freezing Processes [M]. Florida: CRC Press, 1992.

[210] RAPPAZ M. Modelling of microstructure formation in solidification processes [J]. International

Materials Reviews, 1989, 34 (1): 93-124.

[211] NAKATO H, IWAO M. Mathematical modeling of the temperature field in continuous casting mold region by considering the properties of powders [J]. Tetsu-to-Hagane, 1980, 66 (1): 33-42.

[212] SAMARASEKERA I V, BRIMACOMBE J K. The influence of mold behavior on the production of continuously cast steel billets [J]. Metallurgical Transactions B, 1982, 13 (1): 105-116.

[213] NI J, INCROPERA F P. Extension of the continuum model for transport phenomena occurring during metal alloy solidification—Ⅰ. The conservation equations [J]. International Journal of Heat and Mass Transfer, 1995, 38 (7): 1271-1284.

[214] NI J, INCROPERA F P. Extension of the continuum model for transport phenomena occurring during metal alloy solidification-Ⅱ. Microscopic considerations [J]. International Journal of Heat and Mass Transfer, 1995, 38 (7): 1285-1296.

[215] MUOJEKWU C A. Heat transfer and microstructure during the early stages of solidification of metals [D]. Vancouver: University of British Columbia, 1993.

[216] KIYOTO U. On the Air gap between the billet and the mold [J]. Tetsu-to-Hagane, 1962. 48 (6): 747-752.

[217] ZHOU L, WANG W, MA F, et al. A kinetic study of the effect of basicity on the mold fluxes crystallization [J]. Metallurgical and Materials Transactions B, 2012, 43 (2): 354-362.

[218] KASHIWAYA Y, CICUTTI C E, CRAMB A W, et al. Development of double and single hot thermocouple technique for in situ observation and measurement of mold slag crystallization [J]. ISIJ International, 1998, 38 (4): 348-356.

[219] KAWAI Y, SHIRAISHI Y. Handbook of Physico-chemical Properties at High Temperatures [M]. Iron and Steel Institute of Japan, 1988.

[220] HAYASHI M, SUSA M, OKI T, et al. Shift of the absorption edge for the charge transfer band in slags containing iron oxides [J]. ISIJ International, 1997, 37 (2): 126-133.

[221] WANG W, ZHOU L, GU K. Effect of mold flux melting and crystal fraction dissolution on radiative heat transfer in continuous casting [J]. Metals and Materials International, 2010, 16 (6): 913-920.

[222] WANG W, GU K, ZHOU L, et al. Radiative heat transfer behavior of mold fluxes for casting low and medium carbon steels [J]. ISIJ International, 2011, 51 (11): 1838-1845.

[223] YOON D W, CHO J W, KIM S H. Assessment of heat transfer through mold slag film considering radiative absorption behavior of mold fluxes [J]. Metals and Materials International. 2015, 21 (3): 580-587.

[224] MILLS K C, FOX A B. The role of mould fluxes in continuous casting-so simple yet so complex [J]. ISIJ international, 2003, 43 (10): 1479-1486.

[225] ZHANG H, WANG W. Mold simulator study of heat transfer phenomenon during the initial solidification in continuous casting mold [J]. Metallurgical and Materials Transactions B, 2017, 48: 779-793.

[226] ZHANG H, WANG W. Mold simulator study of the initial solidification of molten steel in continuous casting mold: Part Ⅱ. Effects of mold oscillation and mold level fluctuation [J]. Metallurgical and Materials Transactions B, 2016, 47: 920-931.

[227] LYU P, WANG W, ZHANG H. Mold simulator study on the initial solidification of molten steel near the corner of continuous casting mold [J]. Metallurgical and Materials Transactions B, 2017, 48: 247-259.

[228] WANG W, LONG X, ZHANG H, et al. Mold simulator study of effect of mold oscillation frequency on heat transfer and lubrication of mold flux [J]. ISIJ International, 2018, 58 (9): 1695-1704.

[229] ZHANG H, WANG W, MA F, et al. Mold simulator study of the initial solidification of molten steel in continuous casting mold. Part Ⅰ: Experiment process and measurement [J]. Metallurgical and Materials Transactions B, 2015, 46: 2361-2373.

[230] LYU P, WANG W, LONG X, et al. Study of the effect of mold corner shape on the initial solidification behavior of molten steel using mold simulator [J]. Metallurgical and Materials Transactions B, 2018, 49: 78-88.

[231] MILLS K C, DÄCKER CÅ. The Casting Powders Book [M]. Berlin: Springer International Publishing, 2017.

附录 A　AR 自回归模型求解信号的功率谱密度

一个因果系统的信号输出 $x(n)$ 不仅依赖当前和过去的系统激励（原因），而且也依赖过去的信号输出 $x(n-1)$，$x(n-2)$，…。p 阶 AR 自回归模型采用 n 时刻之前的 p 个数据来预测 n 时刻的数据 $x(n)$：

$$x(n) = -\sum_{i=1}^{p} a_i x(n-i) + w(n) \tag{A-1}$$

式中，a_1，a_2，…，a_p 为模型的自回归系数；$w(n)$ 为白噪声。

对式（A-1）进行 z 变换：

$$\sum_{i=0}^{p} a_i X(z) z^{-i} = W(z) \tag{A-2}$$

得到系统的传输函数 $H(z)$：

$$H(z) = \frac{X(z)}{W(z)} = \frac{1}{A(z)} = \frac{1}{1 + \sum_{i=1}^{p} a_i z^{-i}} \tag{A-3}$$

假定白噪声 $w(n)$ 的功率谱密度 $P_w(z) = \sigma_w^2$，令 $z = \mathrm{e}^{\mathrm{j}\omega}$，则 AR 自回归模型输出功率谱密度（PSD）为 P_{xx}：

$$P_{xx}(\mathrm{e}^{\mathrm{j}\omega}) = \sigma_w^2 \left| H(\mathrm{e}^{\mathrm{j}\omega}) \right|^2 = \frac{\sigma_w^2}{\left| 1 + \sum_{i=1}^{p} a_i \mathrm{e}^{-\mathrm{j}\omega i} \right|^2} \tag{A-4}$$

为计算随机信号的功率谱密度 P_{xx}，需要计算模型参数 σ_w^2 和 a_i。

采用 Burg 法计算 p 阶 AR 模型参数。根据式（A-1），假设信号 $x(n)$ 观测数据区间为：$0 \leqslant n \leqslant N-1$ 的前向预测误差和后向预测误差分别为 $E_p^f(n)$ 和 $E_p^b(n)$：

$$E_p^f(n) = x(n) + \sum_{i=1}^{p} a_{p,i} x(n-i) \tag{A-5}$$

$$E_p^b(n) = x(n-p) + \sum_{i=1}^{p} a_{p,i} x(n-p+i) \tag{A-6}$$

式中，$a_{p,i}(i=1, 2, \cdots, p)$ 为预测前向、后向误差时、估计的模型参数。

Burg 法是在 Levinson-Durbin 递归约束下，使得前向预测误差功率 $\rho_{p,e}$ 和后向预测误差功率 $\rho_{p,b}$ 之和为最小的 AR 功率谱估计方法。前、后向预测误差平均功

率 ρ_p 为：

$$\rho_{p,e} = \frac{1}{N-p}\sum_{n=p}^{N-1} | E_p^f(n) |^2 \tag{A-7}$$

$$\rho_{p,b} = \frac{1}{N-p}\sum_{n=p}^{N-1} | E_p^b(n) |^2 \tag{A-8}$$

$$\rho_p = \frac{1}{2}(\rho_{p,e} + \rho_{p,b}) \tag{A-9}$$

前向、后向预测误差递推公式可以如下表示：

$$E_p^f(n) = E_{p-1}^f(n) + k_p E_{p-1}^b(n-1) \tag{A-10}$$

$$E_p^b(n) = E_{p-1}^b(n-1) + k_p E_{p-1}^f(n) \tag{A-11}$$

式中，k_p 为反射系数。将式（A-10）和式（A-11）代入式（A-9）中，得前、后向预测误差平均功率 ρ_p：

$$\rho_p = \frac{1}{2(N-p)}\sum_{n=p}^{N-1}[\,|E_{p-1}^f(n) + k_p E_{p-1}^b(n-1)|^2 + |E_{p-1}^f(n-1) + k_p E_{p-1}^f(n)|^2] \tag{A-12}$$

式（A-12）取最小值时 $\frac{\partial \rho_p}{\partial k_p} = 0$。即前、后向预测误差平均功率 ρ_p 最小时，第 p 个反射系数：

$$k_p = \frac{-2\sum_{n=p}^{N-1} E_{p-1}^f(n) E_{p-1}^b(n-1)}{\sum_{n=p}^{N-1}(\,|E_{p-1}^f(n)|^2 + |E_{p-1}^b(n-1)|^2)} \tag{A-13}$$

基于反射系数 k_p，由 Levinson-Durbin 递推关系求 AR 模型参数，进而求得功率谱 P_{xx}：

$$a_{p,i} = a_{p-1,i} + k_p a_{p-1,p-i}(i = 1,2,3,\cdots,p-1) \tag{A-14}$$

$$a_{p,p} = k_p \tag{A-15}$$

$$\rho_p = (1 - | k_p |^2)\rho_{p-1} \tag{A-16}$$

$$\sigma_w^2 = \rho_p \tag{A-17}$$

初始前、后向预测误差平均功率 ρ_0 定义为：

$$\rho_0 = \hat{r}_{xx}(0) \tag{A-18}$$

其中，$\hat{r}_{xx}(0) = \frac{1}{N}\sum_{n=0}^{N-1} |x(n)|^2$

把 Burg 法求 AR 模型参数代入式（A-4），计算结晶器热流密度（温度）信号的功率谱密度 P_{xx}。功率谱密度计算过程见表 A-1。

表 A-1　功率谱密度计算过程

步骤	执　行
1	把某一位置的输入长度为 N 的结晶器热流密度（温度），记为信号 $x(n)$；AR 模型的阶数 order_p(= 20 ~ 30)，初始时前向、后向预测误差分别为 $E_0^f(n) = x(n)$ 和 $E_0^b(n) = x(n)$，$p = 0$，其中 $n=0, 1, 2, \cdots, N-1$；用式（A-16）计算初始预测误差平均功率 ρ_0
2	用式（A-13）求预测误差平均功率 ρ_p 最小时，第 p 个反射系数 k_p；判断 p 是否等于 order_p，如果等于则进行步骤 3，否则令 $p=p+1$，并进行下面计算： ①用式（A-16）和式（A-17）更新预测误差平均功率 ρ_p，并把 ρ_p 赋值给 σ_w^2； ②用式（A-14）和式（A-15）更新估计的模型参数 $a_{p,i}$，并把 k_p 赋值给 $a_{p,p}$； ③采用递推关系式（A-10）和式（A-11）更新前向、后向预测误差 $E_p^f(n)$、$E_p^b(n)$； ④重复步骤 2，直至计算结束
3	把 p，AR 模型参数 a_i 和 σ_w^2 代入式（A-4）中计算出结晶器热流密度（温度）信号的功率谱密度 P_{xx}

附录 B　Airy 波动理论

盛满液体的矩形池中，液体深度为 H，长为 L，液体表面处于波动状态（见图 B-1）。

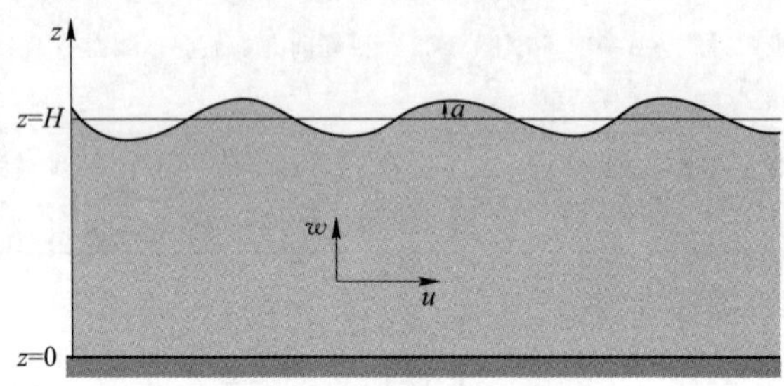

图 B-1　液体表面重力波

则矩形池中，液体的流动服从以下数学物理方程为：

（1）Navier-Stokes 方程：

$$\frac{\partial u}{\partial t}=-\frac{1}{\rho}\frac{\partial p}{\partial x},\ \frac{\partial v}{\partial t}=-\frac{1}{\rho}\frac{\partial p}{\partial y},\ \frac{\partial w}{\partial t}=-\frac{1}{\rho}\frac{\partial p}{\partial z}-g \tag{B-1}$$

（2）流体连续性方程：

$$\frac{\partial u}{\partial x}+\frac{\partial v}{\partial y}+\frac{\partial w}{\partial z}=0 \tag{B-2}$$

（3）定解条件，天文学家 G. B. Airy 假设的边界条件为：

$$z=H\text{：}\qquad w=\frac{\partial a}{\partial t}\quad p=p_a+\rho g a \tag{B-3}$$

$$z=0\text{：}\qquad w=0 \tag{B-4}$$

（4）联立式（B-1）~式（B-4），可以求得矩形池中，流体运动的解析解为：

$$\omega=\frac{2\pi}{T},k=\frac{2\pi}{\lambda_g},\omega=\pm\sqrt{gk\tanh(kH)},\lambda_g=2L/1,2L/2,2L/3,\cdots \tag{B-5}$$

$$u=\omega A\frac{\cosh(kz)}{\sinh(kH)}\cos(kx-\omega t) \tag{B-6}$$

$$w=\omega A\frac{\sinh(kz)}{\sinh(kH)}\sin(kx-\omega t) \tag{B-7}$$

$$p=p_a+\rho g(H-z)+\rho g A\frac{\cosh(kz)}{\cosh(kH)}\cos(kx-\omega t) \tag{B-8}$$

$$a = A\cos(kx - \omega t) \tag{B-9}$$

式中，A 数学上可以为任意变量，实际物理意义为测量的波浪高度；ω 为液体周期性波动的角频率；速度矢量为（u，v，w）；p 为压强；λ_g 为波浪的波长。

（5）角频率 ω 的简化。

当 $\lambda_g \ll H$ 时，则 $kH \gg 1$、$\tanh(kH) = 1$。根据式（B-5）计算，液体周期性波动的频率 f_{sw} 为：

$$f_{sw} = \frac{\omega}{2\pi} = \sqrt{\frac{g}{2\pi\lambda_g}} \tag{B-10}$$